U0155192

The Way of Whisky

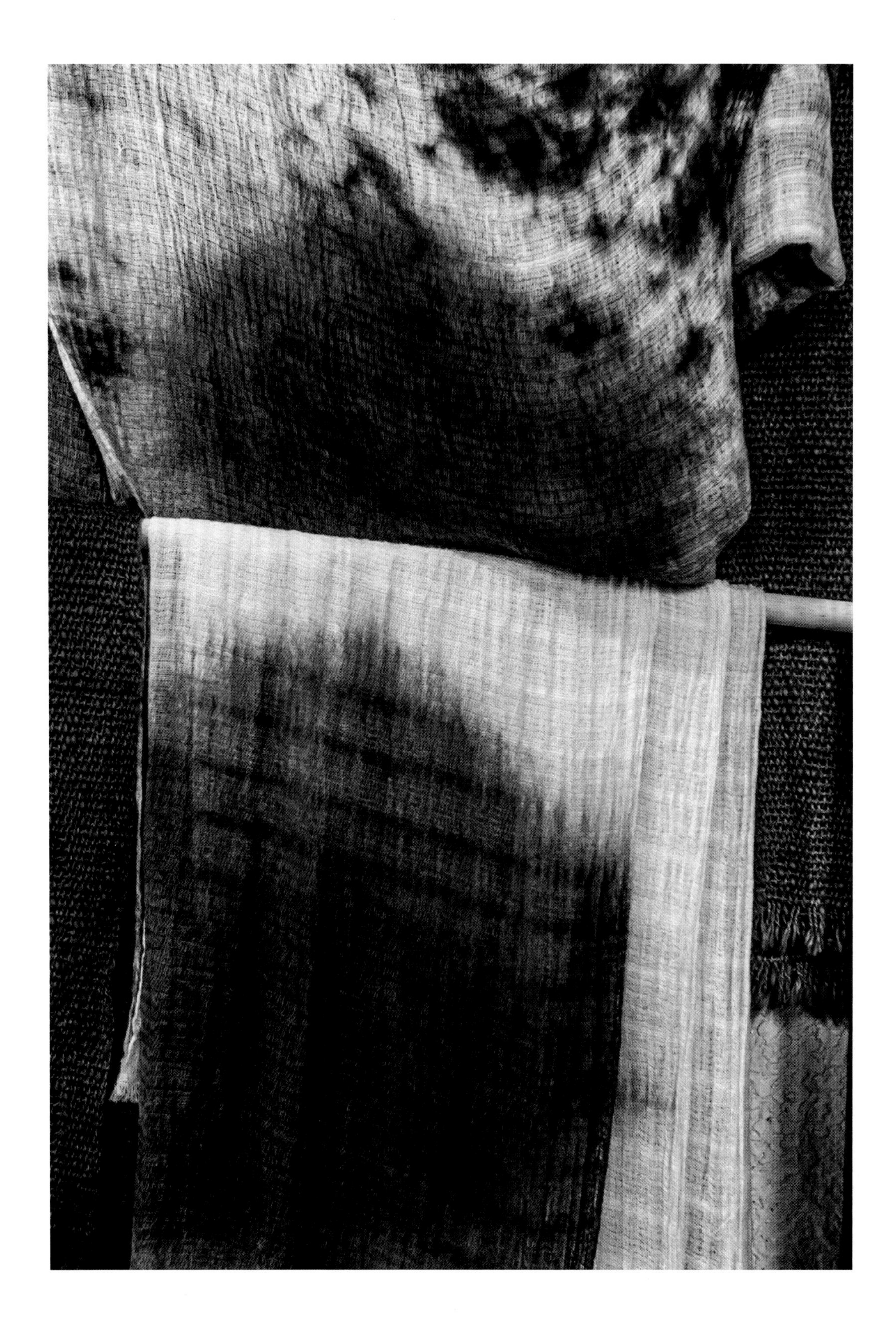

威士忌之道

探索日本威士忌之旅

[英] 戴夫·布鲁姆（Dave Broom）著　丁妍妍 译

華中科技大學出版社
http://www.hustp.com

中国·武汉

图书在版编目（CIP）数据

威士忌之道：探索日本威士忌之旅/（英）戴夫·布鲁姆（Dave Broom）著；丁妍妍译.—武汉：华中科技大学出版社，2022.3

ISBN 978-7-5680-7832-0

Ⅰ.①威… Ⅱ.①戴… ②丁… Ⅲ.①威士忌酒－介绍－日本 Ⅳ.①TS262.3

中国版本图书馆CIP数据核字（2022）第001573号

威士忌之道：探索日本威士忌之旅
Weishiji zhi Dao: Tansuo Riben Weishiji zhi Lü

[英] 戴夫·布鲁姆（Dave Broom）著
丁妍妍 译

出版发行：华中科技大学出版社（中国·武汉） 电话：（027）81321913
华中科技大学出版社有限责任公司艺术分公司 （010）67326910-6023
出 版 人：阮海洪

责任编辑：莽 昱 康 晨
责任监印：赵 月 郑红红 封面设计：邱 宏

制 作：北京博逸文化传播有限公司
印 刷：广东省博罗县园洲勤达印务有限公司
开 本：889mm × 1194mm 1/16
印 张：16
字 数：110千字
版 次：2022年3月第1版第1次印刷
定 价：189.00元

華中出版
本书若有印装质量问题，请向出版社营销中心调换
全国免费服务热线：400-6679-118 竭诚为您服务

目录

上图：
这是一段漫长的旅程

引言

这是我生平第一次来到日本时的场景。到达东京成田机场后，我吃了寿司作午餐，然后乘坐新干线到达京都，再坐火车到达山崎。这一切发生得太快，我还没有反应过来的时候就已经和我的老朋友兼导师迈克尔·杰克逊（Michael Jackson）坐在了一起，而首席调酒师舆水精一（Seiichi Koshimizu）正邀请我们品尝三得利的威士忌。这款威士忌是红色的，带有一丝我们从未闻过的香气。在我们乱猜一通之后，他害羞地笑着说道："这是水楢木（mizunara），也就是日本橡木。我们通常都说这种味道是寺庙的味道。"

如我所说，这是我第一次到日本，之前从来没有机会闻一闻寺庙的味道，现在我很想尝试一下，这是深入感受日本香味文化的一次好机会。描述气味的语言并非一成不变的，而是可以有不同的诠释方式，这种诠释在一定程度上取决于一个人的成长环境。对我而言，烟熏威士忌的气味或许就像1967年前后格拉斯哥地铁的味道，而另一位日本同事可能会将其描述为某种药物。过去的经历和去过的场合决定了我们用来描述周围气味的语言。旅行的魅力之一就在于发现新的口味与风味，再顺便将这个新地方与自己家乡比较一番。那晚，我坐在一个艺伎旁边。她跟我说的第一句话是："你在苏格兰的时候会吃很多小土豆吗？"

不过，这种水楢木十分独特。它是树脂质的，有点像檀香木，又有一点像椰子，但是这些说法都不太准确。我本可以在心里给它贴个"异国情调"的标签，然后就不再管它了，但是我被它吸引了，它引领着我继续深入了解日本。"寺庙的味道"——这个说法提醒我应该找到那些寺庙并好好地品味它们的气味。之后，它让我了解到了"香"，一条从日本传到越南、阿拉伯半岛，经过高端香水制造商，然后又传回日本的芳香线。

我逐渐意识到，水楢木可以成为（部分）日本威士忌的独特标签。日本威士忌通过加入水楢木告诉大家：我们的威士忌，独特之处之一就在于这种香气。我们使用水楢木是因为它的芳香，这种芳香对我们来说有着特殊的意义。水楢木根植于日本威士忌中，促使其成为独一无二的产品。

就在同一天，三得利的马斯·米纳比（Mas Minabi）称赞日本威士忌是"透明的"。日本威士忌有一种不同于苏格兰威士忌的芳香：它们浓郁而又清香，柔和而又浓烈，在矛盾中实现平衡。品尝之后，你便会发现它的味道复杂绵密而又有层次，润物无声般滑过味蕾，清澈纯净而恰如其分。有些日本威士忌与苏格兰威士忌相似，但呈现方式不同。每一杯都是威士忌，但都不是我从小喝的那种威士忌。是什么造就了日本威士忌的日式风格？从那之后这个问题便一直萦绕在我的心中。

幸运的是，之后每年我都会去日本旅行两三次。每次旅行归来，仿佛都开启了一扇新的大门。最初我认为这是因为我开始有所作为了，但那终究只是工作方面的自负而已。我想，如果我知道自己该问什么问题，那我就能自然而然地得到答案。我仍然需要接受教导，但因为自己太过愚笨而没有意识到这一点。当我终于领悟到这一点时，我发现那些看似晦涩难懂的哲学答案其实是完全理性的。于是我继续慢慢地向前探索，心中依旧带着问题——“所谓日本威士忌究竟是什么？”

部分答案在于日本和苏格兰酿酒商在生产方面的细微差异，还源于两个生产地气候和熟成方式的差异。当然也有水楢木的因素，但不是每种日本威士忌都会用到它。我开始认为，这个难题的其他答案就在于产地。威士忌无法脱离生产地文化的方方面面：原料、气候、景观、烹饪、口味、消费方式等，对于威士忌的生产都有十分重要的影响。日本的威士忌文化不同于苏格兰以及其他任何酿造威士忌的国家的威士忌文化。

我开始好奇，日本的威士忌制造商是不是和该国的其他传统工匠之间有着某种潜在的联系？随着我不断地拜访威士忌制造商，频繁与他们交谈，我就愈发感觉到他们是致力于工艺制作的大师级工匠（职人）。他们抱着“持续改善”（译者注：日本的一种管理理念，由日本持续改进之父今井正明提出）的理念来对待威士忌。在这种现象背后似乎有一种美学，将威士忌与其他工艺联系在一起，比如烹饪、陶瓷、金属加工、木工以及建筑设计，甚至是调酒技法。我看到的内容越多，就越对它着迷，也越来越清晰地感受到威士忌与其他工艺之间相互贯通的生命力。这种“纯净”存在于朴实无华的食物中，也存在于日本的俳句里。同样，也许我是在将此前毫无关联的事物联系起来，也许他们只是生产威士忌而已，也许是我被执念逼疯了。无论如何，我必须想办法找到答案。

所以我又回到了日本，打算参观所有的酒厂，结识其他工匠。我想问问他们，是什么在激励着他们，又是什么在工作的背后支撑着他们。我还想看看这些联系是否真的存在。从这两方面来说，我所做的都是一种实地测验。所以，这本书不会仅局限于品尝记录、评分表、历史的回顾、威士忌的制作以及深入挖掘的事实和数据。当然，这些内容都是有用的，你会在其他书籍中找到答案。

而在本书中，我想试着找出一些问题的答案：威士忌为什么重要，是什么在激励着这些工匠，威士忌的生产如何与更广泛的、具有传统要素的文化联系在一起，这些工匠的手艺有多强、或者说有多不稳定？

21世纪最大的悖论在于，伟大的互联网让我们不会再接触到那些他人认为我们不喜欢的东西。我们不再主动去浏览，因为算法会告诉我们自己喜欢什么，甚至我们喜欢谁。威士忌之类的东西被简化到仅限于品尝记录和制作过程的统计数据。这个相互依存的复杂世界，它的丰富性和杂乱性如今正在被不断侵蚀。事物间的联系正在逐渐消失，而关于威士忌的历史、天气、水和岩石，甚至是制造它的人也将随之变得无足轻重。将威士忌与这些东西割裂开来等于是在毁灭其本身，也会使生产威士忌的人变少。我们不能让这种情况发生。

日本

◉ 主要威士忌酒厂

- ◉ 厚岸蒸馏所
- ◉ 余市蒸馏所
- ◉ 宫城峡蒸馏所
- ◉ 郡山蒸馏所
- ◉ 秩父蒸馏所
- ◉ 额田蒸馏所
- ◉ 白州蒸馏所
- ◉ 火星信州蒸馏所
- ◉ 富士御殿场蒸馏所
- ◉ 静冈蒸馏所
- ◉ 知多蒸馏所
- ◉ 山崎蒸馏所
- ◉ 米泽蒸馏所
- ◉ 白橡木蒸馏所
- ◉ 宫下蒸馏所
- ◉ 本坊津贯蒸馏所

东京

我现在已经熟悉这条路线了，先坐飞机飞往东京羽田机场，乘坐单轨电车到达滨松町，坐出租车到达酒店，穿过后街，在铁轨下穿行，再经过小餐馆和公寓楼。停车场旁边隐藏着神秘的神社，还可以瞥见在石道里潺潺流淌的溪流。东京一直处于喧闹之中，人声鼎沸。我在飞机上待了12个小时，所以头脑还有些不清楚。

我的目的地是东京的汐留，那是一个低调而井然有序的街区，由轮廓分明的高楼组成。唯一营造轻松氛围的标志是由宫崎骏设计的巨大时钟，这似乎是从他的电影《哈尔的移动城堡》中传送出来的。不过，这里可以说是东京的中心，离银座只有10分钟的步行路程，离原筑地市场附近的寿司店只有20分钟的路程，到达热闹的新桥仅需5分钟的漫步。

如果说东京是由一连串岛屿组成的，那么公园酒店就像是属于我自己的孤岛。多年后的今天，它更像是我的家，而不只是一个酒店。这家酒店有出色的酒吧工作人员和精彩的当代艺术展览（每个房间都由不同的艺术作品装饰）。另外，还能从酒店一侧看到东京铁塔和富士山的风景。不过，今天不行，因为现在是雨季。

我办完入住手续，然后回到接待处参加我的第一次会议。为了完成这个疯狂的图书项目，我们需要一个风格统一的外观设计，这意味着我们只能聘用一个摄影师。问题是找谁呢？我并不认识日本的摄影师。不过幸好我的朋友爱丽丝认识艾丽西娅·柯比（Alicia Kirby），她曾在日本的《单片眼镜》（*Monocle*）杂志工作。爱丽丝说，艾丽西娅·柯比是她认识的人当中人脉最广的。艾丽西娅在邮件中向我推荐了三个摄影师。其中武耕平的摄影作品是最出色的，所以我们选择了他。

他进来时剃着光头，围着围巾，穿着牛仔夹克，精力充沛、幽默风趣，我立刻就喜欢上了他。我开始向他解释这个项目的概念——人、工艺、工匠、传统、风景以及威士忌。我们要讲的不是明信片上的日本，不要老生常谈的东西，而要展现出最真实的日本。这些图片会将威士忌与土地、人们联系在一起，或许还会在他们之间建立关系网。"我懂你的意思，"他说，"眼睛、手、劳作、水，这会是一件很有趣的事情。现在，我们先休息一下。之后我们7点半再见，然后坐巴士去富士御殿场蒸馏所。"看，这就是威士忌作家的浪漫生活。我绕开酒吧，走向房间。我知道我睡到凌晨3点就会醒过来。时差反应真是一件奇怪的事情，不管你身处哪个时区，生物钟都会在凌晨3点响起。这真的很诡异。

P10—11图：
东京：一个令人眼花缭乱的、难以捉摸的广阔大都市

上图：
东京

B4

富士御殿场蒸馏所

从东京到富士御殿场蒸馏所

拂晓时分，东京上空乌云密布，给汐留的塔楼镀上了一层金色。灰蒙蒙的昨日已过，今日则是蓝天白云，不过富士山仍然躲藏在云层之后。我快速吃完了早餐——味噌汤、三文鱼、米饭、泡菜、意大利面、绿茶，填饱了肚子，因为今天又将是漫长的一天，包含威士忌的漫长一天。

这座城市正在苏醒。戴着黄帽子的小学生蹑手蹑脚地走出地铁站，就像小老鼠在地毯上爬行一样。阳光似乎会令一切事物失去色彩。东京在白天变成单色，其柔和的灰色色度与工薪阶层的裤子十分匹配，当千篇一律的黑色开始消失不见时，就标志着夏季即将到来。领带和夹克都统统卸下，短袖成为必备单品。女性衣着的色调变得柔和，偶尔还会打着褶边的遮阳伞。为了躲避头顶的烈日，人们以垂直方向偏10° 的角度前进。

买完票，我们站在阳光下等待8点20分的车去富士御殿场蒸馏所。热度不断攀升，其余乘客的目的地是箱根（Hakone）的直销店。车开上了高架公路，我瞥了一眼窗户外，一条条绵延的电线映入眼帘，城市的氛围变得轻松起来。

道路蜿蜒曲折地穿过森林，树上长满了藤蔓，我们穿过隧道，进入了一个种满稻谷的山谷。前方，山脊之上，一座覆盖着厚厚的积雪的高山直插云霄，那就是富士山。

几年前我爬过富士山，曾在山顶上调过威士忌，以纪念日本苏格兰麦芽威士忌协会成立15周年。我记得我们穿过了一条长长的之字形路，路上滚烫的岩石长满紫红色丁香花，还布满了硫黄，看起来像一个巨人的早餐麦片面包。之后我们抵达了落脚的小木屋。凌晨2点，我便起床冲上顶峰，第一道金色的光芒照亮了岩石的每一个边缘，照亮了我们一行人疲惫而快乐的脸上的每一个皱纹与微笑。

正如艺术家葛饰北斋所描绘的那般，富士山永远都在那里。他的系列版画《富岳三十六景》（*36 Views of Mount Fuji*）捕捉到了富士山的永恒之美。比如，富士山隐藏在画框角落里，从屋顶后窥视，几乎完全被建筑遮挡；又如，富士山在一个巨大的半成品木桶的中央；再如，在绯红的夕阳下，富士山与巨大的波浪互相映衬。富士山横跨整个日本，就连飘浮在富士山周遭的白云也变得意义非凡。

在富士御殿场蒸馏所下车的只有我们。我们乘出租车上山，穿过挂满电缆的街道，经过修剪整齐的树木，路过安静的园丁和遛狗的人，然后来到了酒厂。这是一个无比巨大的红砖房。在它后方只有12千米远的地方，矗立着朦胧的富士山。

P17图：
快速的祈祷之后，旅行即将开始

富士御殿场蒸馏所

我来这里是要和日本麒麟集团（Kirin）的调酒大师田中城太（Tanaka Jota）见面。他身材高大，有一种苦行僧的气质，是一个时刻充满活力的睿智之人。他不仅热衷于展示自己的酒厂，而且还想了解威士忌领域正在发生的其他事情。城太是我的智囊团成员之一，在接下来的几个月里，他帮助我展开了更多层面的思考。“别叫我田中君，”他说，“叫我‘城太’就行。”

富士御殿场蒸馏所建于日本经济繁荣时期，当时的日本在正尽其所能地大量进口威士忌，却从不出口。总部位于加拿大的巨头施格兰（Seagram）已经将业务扩展到苏格兰（该公司自20世纪50年代以来就拥有芝华士兄弟，并在加勒比海和南美拥有大量朗姆酒厂）。现在它正打算向东拓展业务。这家酒厂建成于1972年，并于第二年开始运营。

这样来看，的确说得通。日本的经济正在蓬勃发展，威士忌作为成功人士的标志，也随之同步发展。白天勤劳工作的工薪族，下班后可以喝上一杯或十杯水割威士忌（加冰加水），放松身心。对一个有着全球视野的酿酒商来说，日本自然是一个必选国家。

富士山附近的建筑具有一定的象征意义且体现了日本人的乐观精神。毕竟，这是一座活火山，而且附近还有熔岩和贝壳等，并不是一个十分适合酿酒的地方。

正如城太所解释的那样，选择这里是出于更实际的原因。公司的员工在日本各地搜寻，将范围缩小到八个候选地点，最终确定在这里，主要是因为它的位置和气候条件。这里高速公路已经修建完成，平均温度为13℃，湿度为85%。这些条件有利于陈年威士忌的储存，但并不利于人们生活。

山上蕴藏着大量的火山岩过滤水。融化的雪历经51年，穿过基岩到达酒厂那三口100米深的井中。

对大多数游客来说，日本酒厂简直就是苏格兰酒厂的翻版。原料一样，瓶型包装也一样。

日本大多数威士忌酒厂同时生产多种威士忌酒。虽然和苏格兰威士忌一样，日本威士忌的市场也是建立在调和威士忌的基础上，但与苏格兰不同的是，日本威士忌的酿酒商从来不交换库存，这迫使他们必须在内部完成所有的调和需求。这是威士忌行业不断创新的根源之一，不断新增口味的需求成为创新的动力。但这些都不会困扰施格兰，毕竟，加拿大威士忌产业就是这样发展起来的：用玉米酿造基酒、用其他小粒谷物酿造威士忌，再分开陈酿，然后再调和。

要想与御殿场结缘，你必须先放弃麦芽威士忌的想法。在这里，一切都从谷物威士忌开始。我们穿过发酵罐（谷物发酵罐的数量比麦芽发酵罐多出8～12个，这一情况突出说明谷物威士忌占主体），走进了一个令人惊叹的控制室，其20世纪70年代的原始套件让它看起来像是詹姆斯·邦德中反派的巢穴。当我们走进小得出奇的谷仓时，城太笑着说："这里在40年前可是一个拥有尖端技术的地方。"

这里有三种蒸馏装置，根据高温和嘶嘶声判断，它们在同步运作。其中一种是波本式的装置，富含黑麦的醪液被放入醪塔和谷物粉浆连续蒸馏设备中，生产出酒精度（ABV）为70%的高浓度蒸馏酒。还有一种类似于金利酒厂［Gimli，温尼伯附近的前施格兰蒸馏厂，现为帝亚吉欧（Diageo）］的蒸馏釜和蒸馏柱装置。

在通过醪塔后，5万升玉米和大麦馏出物被收集在蒸馏釜中，再加热并通过61板精馏器驱动。这样做可能强度较高，但产出的酒富有风味，御殿场谷物威士忌中等酒体的风格来源于此。第三组的五个蒸馏柱产生一种玉米馏出物，尽管与釜和塔的强度相同，但由于经过更严密的筛选过程，其浓度更低。加入不同类型的酵母，在不同的木桶里搅拌，谷物威士忌的制作蕴含更多可能性。

下图：
这个酒厂建于1972年

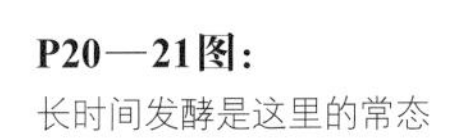

P20—21图：
长时间发酵是这里的常态

柱式蒸馏威士忌因为被认为没有比一般威士忌好很多而常常被忽视，御殿场的做法促进了调和威士忌向以风味为主导的方向发展。可以公平地说，在苏格兰威士忌中，谷物是原材料中含量较轻的成分，它可能会赋予威士忌香气和质感，具有特色，但麦芽才是成就一杯好酒的力量源泉。御殿场则恰恰相反。它的麦芽威士忌是清淡细腻、带有酯香味的。而谷物威士忌，尤其是厚重型和中等型谷物才具有重量感。

为什么不走寻常路呢？城太说：“苏格兰以盛产麦芽而闻名，因此威士忌风味中的谷物含量必须少。而我们国家的麦芽产量很低，所以我们看到了一个使用各种谷物来生产威士忌的契机。”

麦芽生产中的一切工序都是为了使成品更加轻盈。例如，长时间的发酵，以及带有向上倾斜的林恩臂（译者注：威士忌蒸馏锅上的回流器）的壶式蒸馏器，这一过程使较重的成分从蒸汽变成液体，进而落入下方沸腾的酒液中以待再次蒸馏。

城太和他的团队也在用不同的酵母菌株进行实验，而苏格兰威士忌使用的都是一种酵母。就像加拿大和美国的酒厂一样，对于日本的酒厂说，酵母也是酿酒的重要因素。麒麟集团旗下的四玫瑰（Four Roses），也是前施格兰的工厂，使用五种不同的酵母，将这一技术发挥到了极致。

"在去四玫瑰公司工作之前，我从来没有思考过酵母的问题，"城太说："现在我被它迷住了。我们从一开始就用了两种酵母：一种是水果酵母，一种是酒体酵母。现在我们正在尝试爱尔酵母等其他酵母，将它们用于麦芽的发酵。我们也会为每种不同的谷物使用不同的酵母。"

我们漫步到了仓库，进入一个有23个架子高的单独空间，两边各有23个木桶深。这里使人感到自己的渺小、不知所措；当两边的橡木桶上升到远处时，你会失去透视感。

这样建造并不是为了美观，而是出于实用的原因。城太解释说，"我们的空间有限，所以仓库必须比正常情况高。另外，在美国肯塔基州那里，不同层之间的温度变化很大，而我们并不想这样。我们想要一个稳定的酿造过程，所以决定不把仓库分成几层，而是把它塑造成一个开放的空间"。

尽管如此，在底部和顶部之间仍然存在温差，这会对风味产生影响。温度越高，木桶赋予酒液的风味就越多，城太会取出仓库中每个批次的基酒进行调和。

虽然大多数威士忌都是在前波本桶中陈酿的，但也有使用一些新的木桶，尤其是那些储存厚重型谷物威士忌的木桶。而且最近的选择范围扩大到了雪莉酒（如PX、欧罗索雪莉）的木桶以及水楢桶。

我们回到了调和实验室，样品散落在桌子上。我们谈论季节、熟成期以及日本人的味觉在创造风格中的作用。城太解释说："我们的第一位调酒大师荻野一郎（Ichiro Ogino）想要的是口感顺滑、醇厚的威士忌，这种威士忌对日本消费者很有吸引力。总的来说，在日本，酒迷们比较喜欢烟熏风味的艾雷岛（Islay）威士忌，但一般人大多会觉得（这种风格的酒）很难喝，而更偏爱谷物风味的威士忌。所以我们的威士忌一直以中度、清淡的谷物为主要原材料——不浓烈，但平衡、顺滑。不过别误会，我们并不想做味道清淡的东西。"因此，仍然需要在谷物成分中增加一些风味与厚度。

本页图：
如同邦德电影中出现的控制面板

壶式蒸馏器制作精美（P22图）。谷物威士忌工厂的蒸馏室（左上图）。这里（右上图）生产出一系列复杂的口味

熟成后的轻盈型谷物威士忌是清爽柠檬味的，略带干草味，由于木桶上有焦炭，还带有点烟熏松针味。甜美细腻的搭配，为这款酒增添了微妙的口感。

蒸馏釜和蒸馏柱型（the kettle and column batch）威士忌的中等型谷物也是甜的，但带有一些焦糖、太妃糖和淡淡的柑橘味，更加醇厚。从质地上来说，它有一种油质感，带有一些新鲜的甜瓜和类似于香草冰激凌上覆盆子酱的味道，尾韵是糖浆太妃糖的味道。口味实属一绝。

熟成后的厚重型谷物威士忌芬芳浓郁，带有浓郁的玫瑰花瓣、茉莉和浆果的味道，尾韵还夹杂着薄荷巧克力和黑莓的味道。黑麦增加了香料味以及薄荷醇轻微的涩味，突出而明显，看得出即使一点点比例，也会在调和威士忌中发挥很大的作用。

麦芽作为锦上添花之物，带有花朵、猕猴桃、威廉梨和新鲜草莓的风味。然后城太拿出了一瓶轻型泥煤威士忌。等一下，烟熏味？我肯定没提过烟熏味。但为什么不试一试呢？这又是酒厂的一个原则，在一种风格中最大限度地增加品种。烟熏味非常微妙，与其像是一个大胆的声明，不如说是一种记忆，让人想起远处花园篝火沿着街道飘散的香气。也许是因为蒸馏液的关系，或者是受到酒桶和气候的影响，在某些威士忌中也含有松果、薄荷风味。不过，所有这些风味都有一种共通的元素。富有层次而又优雅，有时低调，有时强劲，但总是彬彬有礼——毕竟这里是日本。

P25图：
御殿场的仓库令人眼花缭乱

御殿场目前只有三个瓶装版本问世。日本数十年的威士忌繁荣在20世纪90年代戛然而止，当时新的税收制度和新一代人对父辈酒的抛弃导致销售额暴跌，酒厂要么关闭，要么继续经营一些短期的业务。

日本的威士忌产业现在可能拥有了全球追随者，国内销售也已恢复增长，但没有足够熟成的库存来满足这种突然上升的需求。从某种程度上来说，威士忌制造商今后将一直玩猜谜游戏，预测大众在十年后想喝什么。像所有日本酒厂一样，御殿场酒厂的库存缺口比那些邋遢教授毛衣上的洞还多。

这对城太来说既是挑战又是机遇。他需要让自己的品牌保持存在感，展示酒厂的产品系列，然而可供操作的产品系列并不完整。这就意味着要先对陈酿产品进行小规模的发布，如17年的陈年麦芽威士忌、25年的陈年谷物威士忌以及更加强调以口味为导向的无年份的混合型威士忌，名为“富士山麓”。

无年份不仅能让城太增加尽可能多的库存，还能让他作为一名调酒大师拥有更充分的自由，无须等待威士忌12年的熟成时间。

这是所有日本酿酒商都采用的方法，但在一定程度上遭到了威士忌爱好者的抵制（我不确定这个说法是否恰当），他们错误地认为陈酿时间是威士忌质量的决定因素。

城太解释无年份威士忌的创造性优势在于，它突出了每种威士忌的特性和质地。事实上，每一桶威士忌并不是从“差”（不熟成）到“好”（熟成）的稳步上升，而是处在一个蕴含各种可能性的弧线上。威士忌开始时具有强烈的侵略性和不熟成的成分，但随着木桶、酒精、空气和时间的影响，它发生了变化。随着熟成时间上升，然后口味发生变化，达到一个顶峰，最终木桶开始发挥较大的作用，威士忌则会变得带有木质风味。

每种风格都有自己的弧线，每种木桶类型也是如此。仓库内的每一层也会创造出不同的风味曲线。因此，时间成了衡量质量的一种粗略方式。熟成期成为一个三维的风味世界，调酒师可以从中进行选择。

他解释说，这与酯类以及它们在熟成过程中的变化有关。开始时是青涩的，刺激而尖锐；之后果味浓郁，口感醇厚，圆润饱满；再后来变酸变硬，开始带有木质风味。变化过程中有熟成的高峰时期，这取决于谷物成分比例、蒸馏工艺、木桶类型和仓库位置。

“我们有区分描述季节性食物的语言，”他继续说道，“前奏是一个季节的开始，是最新鲜的时候；应季是指最佳时节，残季是一个季节即将结束的阶段。随着季节的变化，食物的味道会发生变化，但它味道变化曲线的形状与熟成曲线相同。”

关于描述季节性的时间概念今后还会碰到，这里是它的第一个例子。重点不仅在于对熟成度和无年份威士忌的解释，还有日本威士忌制造商

们如何轻轻松松地从技术世界切换到哲学世界。而谈论威士忌就像谈论食物一样，引入日本看待季节的方式有助于威士忌在更广泛的文化与风味导向的框架中扎根。

尽管在日本，威士忌和食物的紧密结合比在其他威士忌制造国更受关注，这并不一定会让威士忌的味道有所不同，但我认为这展示了调酒师的思维方式。。

城太也在调高威士忌的酒精浓度，将富士山麓的酒精度调至50%，“以增加酒的甘甜”。新的调和酒中展现了更多厚重的谷物感，增加了一些新的内容以及更多的复杂感和层次感。

还有一个因素，也正是日本制酒的核心要素。改变在此发生，即一家以加拿大方式建立的酒厂开始生产与众不同的日本威士忌。任何文化都会学习和吸收外部因素：所有的日本工艺品都是通过中国或韩国来到日本的。日本的威士忌制作工艺源自苏格兰，御殿场蒸馏所则源自北美。不过，所有的工艺品都经过了改造和不断翻新，所以经过一段时间的演变，它们变得有些相似，但又有些不同。

城太说：“我们引进了苏格兰、加拿大以及美国的技术与设备，试图做出最正宗的威士忌。但是我们已经进行了改良，创造性地混合所有这些元素，同时尝试了一些新的东西，形成了我们自己独特的风格。它不是苏格兰麦芽威士忌，不是加拿大玉米威士忌，也不是美国波本威士忌，它就是我们的威士忌。”他停顿了一下说，“我们在富士山麓中看到了一

下图：
对田中城太来说，熟成和甜度是威士忌品质的关键要素

蒸馏塔内的泡罩（左上图）有助于为御殿场的谷物威士忌（右上图）提供一系列风味

些不同的风格和成分，但它仍在被不断改良，还有改进的空间。”在这番话中，出现了另一个主题——“改善方法、不断前进、拒绝接受固定的模板”。对城太来说，这意味着他将在调酒杯中加入更多的蒸馏物，例如，将玉米与大麦以50∶50的比例进行分配。

“在一切可以做的事情和我们试图做的事情之间有一条界线。我们做了很多尝试，但是并未将那些试验品全部推出！在一些国家，他们尝试一切，然后装瓶推出。我们希望挑战自我，创造一系列新的口味，为我们已有的产品增加价值。”换句话说，城太及其团队的尝试是有侧重点的。

我们准备出发去东京。我觉得富士御殿场蒸馏所有点像富士山，隐藏在一片平原上。这是一家大型酒厂，一家创新型酒厂，但对其成就一直保持低调——个人认为太低调了。御殿场虽然有库存问题，但也对出口出奇抗拒。即使在日本，它也没有得到重视。它值得被更好地了解，不仅仅是因为其威士忌的质量，还因为它为日本威士忌另辟蹊径提供了一个借鉴方法。

我感觉到有些变化已悄然而至。富士御殿场威士忌有了一种略带谨慎的大胆和新的自信。

它就像俳句诗人小林一茶笔下的蜗牛一样，在慢慢移动。

小小的蜗牛，
一寸一寸慢慢爬，
爬向富士山！

品酒笔记

库存短缺意味着田中城太和他的团队不得不在产品发售方面有所创新。他们必须建立品牌，在对外出口时尽可能更多地展示风格和可能性。有时仅在一些酒厂限量发行才是真正意义上的“限量”发行。创新的“厚士忌”(Housky）混合套装（很遗憾这是限量版），有两种麦芽威士忌（清淡型和泥煤型）和两种谷物威士忌（重度和蒸馏釜和蒸馏柱型），加上玻璃杯和苏打水，可以让你调出一杯高球来满足你的味蕾。

在撰写本文时，几种威士忌正在大卖。**富士御殿场陈酿17年的单一麦芽威士忌（酒精度为46%）**主要是无泥煤风味，但是会有明显的轻微起泡，产生一种非常微妙的烟气，这种烟气只有在快喝完时才能感觉到。

前味略带橡木味，毕竟这是一款清淡型威士忌，还有一种油脂感的、多汁的、甚至带点辛辣的味道。我在御殿场经常闻到的薄荷味也藏在其中，这里的香气会转化为薄荷油。其味道浓烈醇郁，有陈酿酒的口感(这里最古老的威士忌是19年前的)，也有真正的清冽感。

它的同伴，**富士御殿场陈酿25年的小批量谷物威士忌（酒精度为46%）**混合了酒龄为25～30年的浓郁型的批量谷物威士忌。打开时有一种橡木味，但没有麦芽威士忌那么明显——别忘了，御殿场谷物威士忌的特点是比较厚重。前味是水果味，主要是烤菠萝味、烤苹果味，然后是像梨子，甚至是丙酮带点油性的味道。一种更浓郁的类似太妃糖的甜味可以中和它的清淡，而且加入水后，会形成一种蜡质感。它口感绵密，集中在舌头的味蕾上，有一股烘烤水果味（黏稠的糖浆）、焦糖布丁味和一点檀香味，加水后绽放出梨、丁香和薄荷的味道。

本页图：
富士御殿场蒸馏所正在稳步建立自己的品牌与口碑

从富士御殿场蒸馏所到东京

这之后我们离开了酒厂，彼时乌云密布，大雨滂沱，山脉连片绵延。武耕平和我漫步在办公楼街区的后面，我们沿着一条蜿蜒的小路走向一片树林。在一座小型的神道教神社入口处，石狐们正在直勾勾地盯着我。

那天晚上，我和城太去新桥的后街吃晚饭。在汐留旁边，有一个旧时东京的遗迹，银座的轮廓发出令人眼花缭乱的光芒。车站周围是一片混乱的街道，挤满了英式小酒馆、酒吧和居酒屋。白天，这里安静而单调，晚上，办公大楼里的白领、街头音乐人、乞讨的嬉皮士在外面的餐桌上欢声笑语，烟雾缭绕的鸡肉料理油亮油亮。

我们钻进一家居酒屋，沿着陡峭的楼梯来到一个小房间，那里传来一阵爽朗的笑声，如打在礁石上的海浪一般。当我们刚好围坐在一张小桌子上时，城太朝我们说道："欢迎来到威士忌的世界。"一杯杯高球接踵而至，在烟雾缭绕中，我们周围是一群面红耳赤、穿着白衬衫、拿着满满一杯酒的男人，他们都在吐槽自己的老板，笑得前仰后合。每张桌子上都散落着剩了一半的食物。又上了更多的高球。

居酒屋是威士忌的基石。它们是日本的酒吧，不同的是里面也供应美味的食物。在那里，政治和压力会被遗忘几个小时，人们推杯换盏，喝着威士忌和啤酒。居酒屋嘈杂和喧闹的特性与游客的预期相反，这里不同于安静的寿司店和宁静的旅馆。

居酒屋在两个层面上都是至关重要的，它以一种充满活力的方式，提供了一个人们迫切需要的减压阀。在西方，我们从小就被灌输这样的观念，即日本威士忌全是高端调和威士忌和优质单一麦芽威士忌。的确如此，但城太也是正确的：这里是威士忌的现实世界。威士忌产业需要居酒屋，需要成交量，需要平衡沉思与活跃两种状态。

下图：
居酒屋——日本的减压舱

四季

本周晚些时候，当我们去川崎市立日本民家园尝试靛蓝染色时，城太再次出现。他最初的计划是让我们在他的家乡镰仓坐禅，“绣球花盛开，花色繁复”。要知道，这里不是只有樱花。我和武耕平带着我们新染的衣服，走过博物馆的一座座老房子。这是日本惊人发展速度的一个缩影。许多木制的茅草顶建筑直到最近仍有人居住，里面充满了中央火坑中的扁柏木和木烟的气味。它们是一个阴影、漫射光交织的世界，是一个可以简单地通过控制帷幕来改变其功能的世界。

我们午餐吃的荞麦面，再次谈论味道的季节性。从日本人的角度来看，季节变化不是戏剧性的，而是一个个渐进变化的微小时刻，每个季节都有自己的个性。城太说，“每个时节都有自己的‘前奏’‘应季’和‘残季’”。

这种方法提醒你要意识到变化的推动力，学会感受拂面而来的风，当花朵开始开放时，感知短暂的花香，观察鱼何时长成合适的尺寸；了解尝试某样东西的最佳时机，感知它的味道、香气和质地，对细微的变化及其意义保持敏感度。

这种方法反映在日本诗歌中使用的“季语汇”中。1803年，白根治夫（Haruo Shirane）在他的《日本与四季文化》（*Japan and the Culture of the Four Seasons*，2013年）中，划出了2600个被认可的季节主题，“季节已经成为对世界进行分类的基本手段”。这种分类法具有两面性，它既展示了对持续变化的深刻理解和开放态度，也具有一定限制性、过度形式化以及缺乏自发性，这是第一个导致日本工艺面临创造性压力的因素。

季节性在我们的旅程中再次出现，当时我们正在京都与厨师桥本和福与伸二（Shinji Fukuyo）一边喝威士忌，一边品尝怀石料理。“在某些文化中，”厨师说，“他们有春季羊肉和秋季羊肉之分，而在我们这里有更多的划分方法。”

“那是因为，”伸二补充道，同“按照旧的计算方法，不仅只有四季这一说法，还有72个时节”。他解释说，在旧的农历中，一年分为24个节气，每一节气又细分为三候，每一候大约五天，每一个都有自己诗意的名字，每一候都有对应的“前奏”“应季”和“残季”。我回到酒店后下载了一个应用程序，想看看每个季节到底从什么时候开始。

我对这种记录变化的方式越来越着迷，也能随处见到它的踪迹。城太已经解释了威士忌的熟成季节，但它也可以应用在别的地方吗？我写信给城太和伸二，想知道他们是否可以用“前奏”“应季”和“残季”的概念来品尝威士忌，因为品尝威士忌时的味道变化也有一个开始，含入口中时有一个顶峰，然尾韵道慢慢消退。

伸二回答道：“‘前奏’属于期待的阶段，此时食物还没有完全达到最佳口味。比如像博酒莱新酒（Beaujolais Nouveau）一样的葡萄酒，或者是非常新鲜浓郁，但还不够成熟的威士忌。

“‘应季’处于季节的中间位置，也是享用食物的最佳时间。对威士忌来说就是指熟成高峰期。

上图：
川崎的民宅博物馆——川崎市立日本民家园

上图：
古宅里扁柏和柴火的味道

‘残季’就是人们在享受着最后的美好的同时，期待着下一份美好。我们可以在那些酒龄很久的威士忌中发现它的美，有时是深深的苦涩味道，让我想起它美好的熟成高峰。

“如果我们不了解‘应季’时的品质，就无法享受‘前奏’和‘残季’的口感。当我既会享受‘前奏’又会享受‘残季’时，我们也能享受到想象中‘应季’口感，甚至想象力有时会超出真实的感觉。”

这一课让我学会开始以不同的方式品尝威士忌，这种方法显示了当下每时每刻一切事物如何对你产生影响。季节迫使你意识到事物的新鲜与短暂。我再也不会再次品尝到我面前的这杯酒，下次我再喝这款威士忌的时候，场合、温度和房间都会发生变化。我和朋友一起喝酒或是我独自一人喝酒，威士忌的味道也会不一样。

我们必须接受变化。

火星信州蒸馏所

从东京到火星信州蒸馏所

是时候离开东京了。于是，一个威士忌进口商朋友好心将他的路虎揽胜（Range Rover）借给了我们，于是日本的高速公路上便出现了一辆大型越野车，这个光景实在不太常见。而且他还让他的一个员工，也是他的朋友雄胜君做我们两日之行的司机和翻译。雄胜君开车的话，我就可以看着窗外，乱写乱画，武耕平也可以随时准备按下他的相机快门，不会有撞车的危险。

到达火星信州蒸馏所需要三个小时的车程，我们朝着南阿尔卑斯山的西北方向前进，通过了多个隧道，最终进入了一片层峦叠翠的山景之中。这是一个三角形的地形景观，小村庄里点缀着小片的菜地，在山谷里挤成一团，它们用这种方式表达对高地的尊重或是敬畏。白根治夫写道，在古代，未经驯服的大自然常常被视为一个残酷的对手、一片充满了狂野和危险的神之土地。在中世纪中后期（12世纪），灌丛混交林作为人与自然接触的中间地带出现，而深林里的水楢木和矮栗树大部分被单独保留下来。这种与自然的矛盾关系会在整个旅行中再次出现。

我们在诹访湖边的南向岔道前停了下来，想去看看冬季出现的冰山脊奇观，不过这次来晚了没能赶上。集中在这一地区的温泉向上渗出，会在冰山表面形成冰层，使冰冻的表面裂开，形成“神之通道”（日语为“御神渡り”）。没能看到这一景观的我们便开始浏览服务站的货架。跟典型的日本服务站一样，货架上不仅有常见的零食和儿童玩具，还有礼盒装的地方特产。这里的特产是荞麦面条，店里摆满了各种荞麦面条。

我转来转去买了一大堆，但我觉得在三个星期的旅途中，只吃干面条是不太现实的。

地域特色的重要性又为季节性意识增添了一层含义。几年前，在一次火星信州蒸馏所之旅中，我们住在更北面的松本市，主要是在大酒吧摩幌美（Mahorobi）喝酒。某一次，一个厨师告诉我们附近有一座山，山上有很多散养的猪。他说，这些猪被称为跳舞的猪，因为吃这些猪肉的感觉就像是在跳舞。他给了我们一个散养猪中心的地址。遗憾的是，我们没找到。

我们接下来向南出发，向驹根方向继续前进。当我们开下高速时，我打开了窗户，听着鸟鸣声，经过了阿尔卑斯式的小屋和有些不协调的半砖木结构的高原酒店。道路向山腰蜿蜒着，四周是高大松树，一群拿着高尔夫球杆的退休老人在里面的高尔夫球场中踱步。或许那里是一个高尔夫球和定向运动的混合场地，又或许这些俱乐部是为了赶走那些跳舞的猪。

附近有一条狭窄、湍急、浑浊的河流在此转向。伴随着一只乌鸦发出的仿佛警告的声音，我们来到了火星信州蒸馏所。它曾迷失于历史中而又东山再起，它不再尘封于世，正在进入一个新的世纪。

P39图：
高地上湍急的溪流在酒厂旁边奔腾而过

火星信州蒸馏所

猎猪之旅发生在五年前，当时我们要去拜访一家酒厂，本意是来一场酒厂歇业的悲伤之旅，但酒厂那边最终传出即将重新开放的消息。从那以后便一切顺利，酒厂一直在获奖，有了新的蒸馏器，还加入了一个新的酿酒人，他便是安静而体贴的竹平考辉。

那日空气分外凉爽。火星信州蒸馏所的海拔高达800米，是日本位置最高的酒厂。我们开车穿过高高的峡谷，这座峡谷就位于西边的驹岳山（Mount Komagatake）和东边的户仓山（Mount Tokura）的低坡之间。

对一个有着“火星”这样如此不寻常名字的地方来说，它的故事就如你想象的那般不可思议。但是最好先不要这样想，它其实是以其母公司“本坊”（Hombo）的名字命名的。由于酒厂已经有了一个名为“宝星”（Star Treasury）的烧酒（shochu）品牌，所以一些自认聪明的人建议将新工厂命名为火星（Mars），或者准确地说是火星信州（Shinshu Mars），有时简称为信州（Shinshu）。从2017年开始，它改名为火星信州蒸馏所，可能只是简称为“火星”。我一直叫它“火星”。

然而，为什么一家位于日本南部鹿儿岛市的公司会选择这个又高又冷又偏远的地方呢？

一切还是因为水源。外面的那条小溪跟酒厂的水一样，都是从山上流下来的，冲刷着岩石顺流而下，水质柔软、成分丰富。还有气候，竹平考辉解释说，这里的温差很大，夏天一般是30℃～33℃，冬天可能达到零下10℃。即使在夏天，白天和晚上的温差也很大。这不仅会影响熟成周期，还会影响酒精蒸汽快速凝结的方式。湿度也会形成雾气，这对威士忌的陈酿至关重要。外面放着两个原始的蒸馏器，样子小小的，有着尖尖的奇怪双臂，像苍鹭细长的喙一样，好像在尽一切努力把蒸汽挤压成某一种味道，吸引人们的注意。

“火星”可以说是一个重新被发现后起死回生的酒厂，但它的意义远不止于此。这是日本威士忌历史中被遗忘的一块拼图。虽然始建于1985年，但它似乎早已诞生，就像背景中的一块阴影，在不同地方和梦想中闪现，一直追溯到日本威士忌制造的最初时光。

威士忌制造不只是简单地让酒精进入酒精保险箱，或者让它从桶里流淌出来。整个过程环环相扣，形成了一个相互联系、相互依存的关系网。威士忌的味道并非一下子完整展现出来：开始时是前味，之后会根据不同条件变浓或消失。

“火星”也一样，有着许许多多的开拓者。要了解这些先驱人物，

P41图：
起死回生的酒厂

MARS

我们要先从岩井喜一郎（Kijiro Iwai）开始。关于日本威士忌，公认的开创者是这两位：梦想家鸟井信治郎（Shinjiro Torii）和酿酒师竹鹤政孝（Masataka Taketsuru）。竹鹤政孝曾于1920年被派往苏格兰学习威士忌酿造。那么是谁派他去苏格兰学习的呢？是一家名为摄津酒造（Settsu Shozu）的公司，再具体一点来说，是他的老板岩井喜一郎。

竹鹤政孝向岩井喜一郎提交了报告。遗憾的是，当时管理摄津酒造的行政部门没有资金启动这个项目，竹鹤政孝只好离开，去了鸟井信治郎在山崎的新酒厂工作。

直到1960年，岩井喜一郎的梦想才完全实现。本坊（由他的女婿经营）在山梨县的葡萄酒产区开始从事威士忌酿造。酒厂利用竹鹤的笔记和岩井的专业知识，酿造出了泥煤味的老式威士忌。但这种风格对日本来说过于老派，九年之后酒厂便关门大吉，厄运再次降临。

1978年，本坊再次做出尝试，这次是在鹿儿岛的基地，用小型的新蒸馏器制作了少量威士忌。随后在1985年，“火星”重新开张，使用了最初在山梨县的蒸馏器。威士忌的风格发生了改变，变得更轻盈且偏果香味。但时机不对，日本国内市场与威士忌渐行渐远。1992年，这座酒厂也关闭了。

新的蒸馏器（右下图）比原始的蒸馏器（左下图）大，但形状相同

上图：
用蒸汽给蒸馏器加热

然而，令大多数人惊讶的是，2011年它又重新开放。这就是你看到的威士忌，经历了错误的开始，从乐观到失望再到重新尝试，永不放弃。“火星”就是这样一个小酒厂。

现在，“火星”已经焕然一新，威士忌的制作方法也是如此。竹平考辉原本是一名酿酒师，如今正在利用他的专业知识为“火星”创造一种新的风格。“我们已经改变了糖化方法、发酵方法以及取酒心的时机，并且我会格外注意麦芽汁的处理。”这是日本威士忌和苏格兰威士忌酿造上的重要差异。

麦芽汁是从糖化槽中产生的甜味液体。如果抽取得快，就可以抽取出一些大麦壳。这种混浊的麦芽汁有助于提升酒精中的谷物风味。有些酒厂会采取这种方式，也有一些酒厂会避免这种方式。抽取缓慢则会使麦芽汁变得清澈，果香更加浓郁。在苏格兰，“清澈”意味着没有大块杂质。然而，在日本，“清澈”就是清澈。这是日本威士忌有“透明感”的一个原因。没有什么厚重的谷物风味（在大多数苏格兰威士忌中很明显），这有助于形成日本威士忌的“透明”特质。

酒本
造坊

“我安装了麦芽汁清澈度观察器，”他指着从发酵槽引出的管道上的那块观察镜说。“把手放在对面，看看在这面能否看到，以此来确认清澈度。我会注意压力问题，确保糖化槽中没有受压，不过这些都是手动完成的。”

这两个新的蒸馏器更大，但具有与原来相同的尖鼻形状。蒸馏器上还有一个虫管，减少与铜接触的酒精蒸汽量，增加最终的蒸馏液重量。

他笑着说：“我也改变了分酒点。以前要宽很多，我们发现了酒头的复杂香味，并想将它保留下来，但如果酒心太长，就会失去那种强度的香味。所以最好的方法就是缩短酒心。”

仓库里陆续装满了木桶，里面主要是波本桶。“因为它们可以更快地熟成，”他环顾四周说道，“在停业期间，这里完全没有存货，也没有人接受过威士忌制作的培训。重新开业的时候，我们是从零开始的。”

这样是否意味着风格发生了改变呢？“可能会有所不同，但我们还没有真正完整的答案。所以我尝试了很多东西。”除了波本桶，还有来自山梨县的酒桶、一些水楢木酒桶，还有烧酒酒桶。

“我们也在观察气候对木桶的影响，所以我们在鹿儿岛陈放着一些木桶。鹿儿岛不仅更暖和，而且海拔只有60米。我们还在屋久岛的一个仓库里放了一些，那里更靠南、更热，也更潮湿，所有的重泥煤库存都在那里。我们在做一种海岛麦芽威士忌。”

我们在游客中心坐下来品尝，喝了很多杯酒，比我预想的多。在探寻“火星”的灵魂之旅中，我们还看到了不同酵母的使用。“我们正在进行为期四天的发酵，以获得更多的果香酯类物质，”他解释道。“我们有干酒曲，也有这里曾经使用的老酵母类型，还有一种来自山梨的啤酒酵母和一种与众不同的白啤酒酵母，今年我还做了一次测试。”加入三种不同风格的麦芽（轻泥煤、中泥煤和重泥煤），各种可能性就会展现在你的面前。

“目前，我们有八种正在制作的类型，但仍在探索招牌风格。我们正在努力尝试着种植大麦，并考虑是否可以在长野种植水楢木。”

我说这样工作量太大了，在我的家乡根本不可能实现。他笑了：“既然能让那事情变得有趣，为什么还要草草了事呢？”

这种方式非常合理，因为他们需要发现一个全新的酒厂到底能做什么。另外，这也符合日本在一个屋檐下制作多种风格的理念。它背后的哲学也让我觉得这与似乎存在于传统工艺中的检验方法紧密相关。

他点点头：“日本人喜欢追求细枝末节。因为拥有这种探索精神，我们会创造出新的东西，而这就是我们的匠人精神。”

P46图：

注意细节之一：检查桶里液体的高度（上）。注意细节之二：竹平考辉正在抽取一个样本（下）

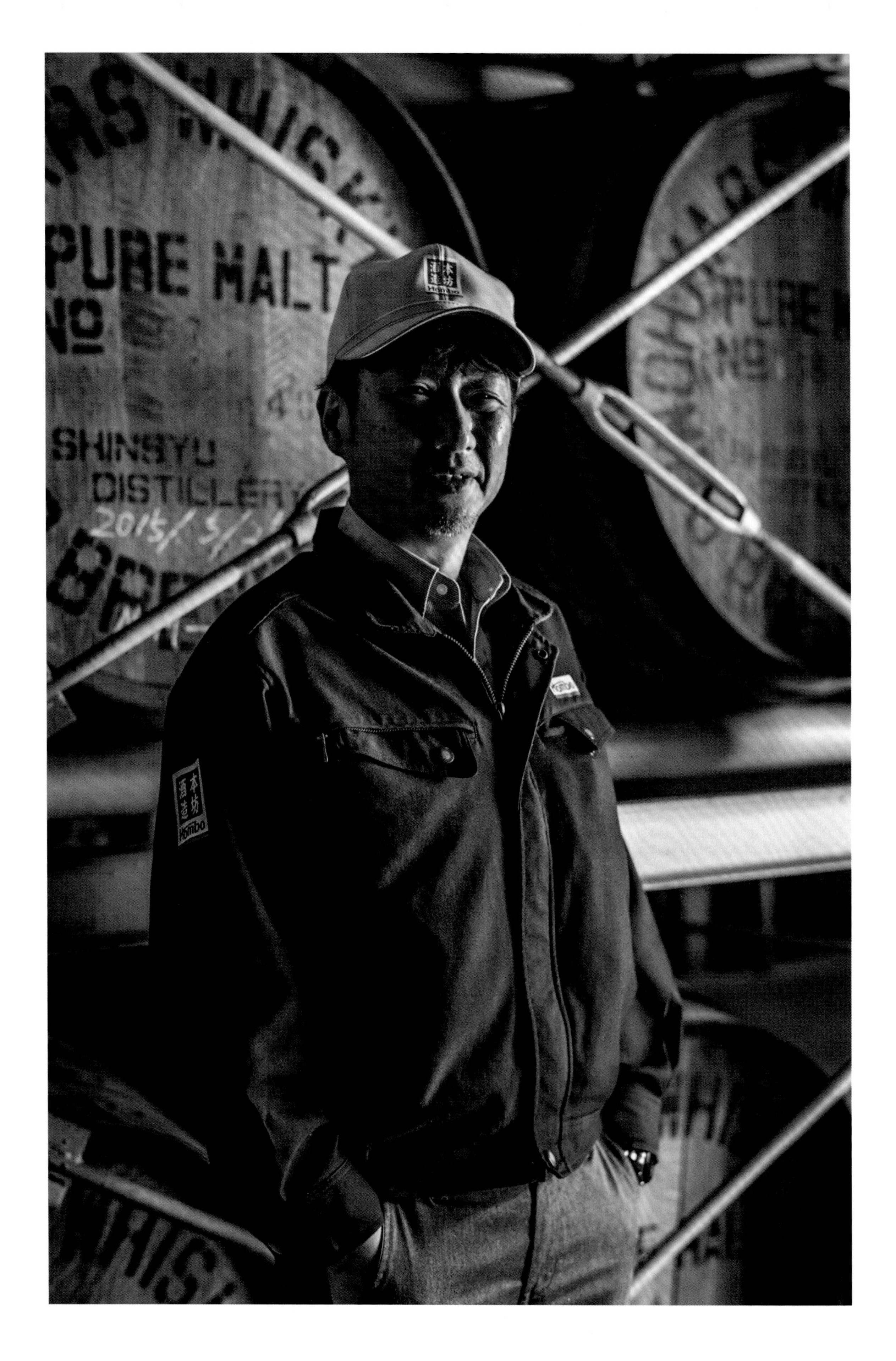
PURE MALT
SHINSYU
DISTILLERY
本坊
酒造

P48图：
竹平考辉正在寻找火星信州蒸馏所的灵魂

“我们的哲学理念之一是对自己、对别人告诉我们的东西提出挑战，这是找到我们招牌风格的唯一方法。未来我们可能只做一种风格，但为了找到这种风格，我们必须挑战各种可能性。这也是我们的匠人精神，这是一种探索。”

这是否意味着“火星”的做法会有别于传统方式？“改变很重要，但有时不改变也同样重要，所以我们总是关注哪些应该保留、哪些应该改进。那19年的沉寂增加了我们做事的难度，我们的传统也没有很好地传承下来，所以我不得不从岩井的记录中找回这一方法。岩井的思想和精神依然还在，这就是我们现在正在复兴的东西。”

竹平考辉停顿了一下：“我们再也不会关门了，我们会把这样的想法传给下一代。”

他的话中带着决心。许多近期转向日本威士忌的国际人士不会知道近25年来形势有多不稳定，他们只是在日本威士忌开始出现在出口市场的繁荣时期才知道这一点。背景故事没有什么意义，为什么要讲背景故事呢？

简而言之，日本威士忌是从1923年开始生产的，并且一直以同样的方式生产，从那以后，它的重要性慢慢增加。不过实际上，制作方式并不是一成不变的，也不是一帆风顺的。任何一位酿酒商都会告诉你，威士忌是有周期性的：它会受到变革之风的冲击，也会随着时尚潮流起起落落。酿酒商不得不猜测未来许多年将会流行什么，并预测什么风格、什么口味将会流行。

20世纪80年代末，许多酒厂陷入了那场危机中。火星信州蒸馏所就是其中之一。当时那一代人开始抛弃日本威士忌，剩下的一些人则把他们的爱转向苏格兰威士忌。如今“火星”的崛起证明了它对自身品质的坚定信念，也展现了对于变幻莫测的市场的深刻理解。贯穿火星故事的一个主题是希望。他们将会成功，因为那是激励他们一直前进的火花。

品酒笔记

不可避免的是，“火星”出产的数量依然有限，因为库存需要花时间积累。另一方面，还需要弥补25年来的库存缺口。其中一款是优雅的麦芽酒**越百3+25（Maltage 3+25）**，这是一款来自本坊山梨和鹿儿岛酒厂的三年陈酿麦芽酒，在“火星”陈酿了25年。剩下的几桶火星蒸馏酒也以单桶的形式推出，或者做成精选的调合威士忌，如双阿尔卑斯山（Twin Alps）和岩井传统（Iwai Tradition），其中还加入了一些进口酒。这两款都是甜的水果味，适合调酒。

然而，重点还是要放在未来。精选的低泥煤威士忌在波本桶中陈酿了4年，使用不同的酵母制成，让我们一览“火星”目前的思维方向，以及可能经常出现的巨大风味差异。

干酵母散发出淡淡的花香，带有一些柠檬、一点竹子和一丝姜黄的味道。甜而微浓的蒸馏风格伴随着奶油冻和香蕉的味道。艾尔啤酒酵母的使用增加了更多的重量感，有更丰富的水果香味，是橙子味的，不是柠檬。这款也有甜味，且更柔和、更圆润。

使用酒厂的老酵母菌株会带来进一步的变化，带来一丝酚类物质的感觉，一些梨味以及更浓的植物性风味。虽然水果味留存于舌尖，但它并不那么强烈，并且后期还有姜黄的尾韵。

一款重泥煤系的样品酒，在雪莉酒猪头桶中陈酿了5年，尝起来清澈而成熟，前味有烟熏味。口感呈甜味，雪莉桶使坚果味更浓。这款酒精准、专注、前景可期。

目前唯一100%火星蒸馏的瓶装产品是酒龄三年的**驹之岳三年（Komagatake，57% ABV）**。它先后在雪莉桶和波本桶中陈放，之后又在葡萄酒桶中陈酿了一年，葡萄酒桶对酒的风味影响占主导地位。这款酒有着晚霞般的金色，显示出其作为陈酿威士忌令人惊讶的广度。口感醇厚，有熟李子、樱桃果酱、玫瑰和一丝烟熏味。这款早熟的酒中带着“火星”独有的浓郁与香甜，还有玫瑰果糖浆和焦糖水果的味道。

本页图：
尽管数量有限，来自“火星”的威士忌为人称赞

从火星信州蒸馏所到白州蒸馏所

鸟儿在高歌，我们也该出发了。这是一个被成功保存下来的地方，不仅仅是保存下来，它还回归了那些最初建立的基本原则，并且继续进步。你可能会认为日本酿酒商会担心库存问题，当库存恢复平衡时，世界的注意力可能会转移到其他地方。然而在这里，以及前一天在御殿场时，人们真正开始相信这是关于创新、新思想和重生的好时机。带着这些想法，我们回到车里，直奔白州蒸馏所。我们转过拐角，再次融入树林的怀抱。不知何故，“火星”一下子就消失了。酒厂多给人一种低调的感觉：它们藏在树林里，躲在角落里，似乎不愿将自己的秘密展现出来。它们在很大程度上也是景观的一部分，不是许多人想象中的工业厂房，而是缘于合适的水源和气候才坐落在那里的酒厂。

下图：
向树林深处走去

白州蒸馏所

从火星信州蒸馏所到白州蒸馏所

白州蒸馏所距离“火星”正东只有50千米，但是中间隔着不小的南阿尔卑斯山，这意味着我们必须绕远路。我们在最近的加油站买了燃料、水、三明治、饭团和一些垃圾食品，又回到了诹访湖，在中央高速公路上向东南方向行驶，然后在小渊泽下车，沿着山坡向酒厂驶去。

白州是另一家善于隐藏自己的酒厂。它曾一度是世界上最大的单一麦芽酒厂，这是一个不小的壮举，但自那以后，这种情况发生了巨大的变化。

山崎靠近京都和大阪，是三得利旗舰麦芽酒厂，也是日本威士忌的基石。白州长期以来一直默默地为三得利生产调和酒基酒。即使它以单一麦芽威士忌酒厂的形式姗姗来迟地崭露头角，也非常低调。不过，也许这才是对的。

像“火星”一样，白州也是一个你似乎会偶然发现的酒厂，这很令人意外，因为它的规模很大。顺着山坡蜿蜒而下，一路畅通无阻地来到树木茂密的山坡。花岗岩山峰的锯齿状线条与天空相映成趣。你可能会想，这里肯定什么都没有吧？接着，你旁边便突然出现了一位向你打招呼的门卫。

尽管酒厂占地巨大，但这些建筑隐藏在森林深处。这个地方既是工业区，也是国家公园。就连“白州”（Hakushu）这个词听起来也像穿过松树的微风。白州的威士忌与木材中转瞬即逝的气味（蕨类植物、苔藓、野生草本植物、松针和一些柴火）一同低语，它复杂微妙且富有层次，就像夏天和服下摆上的香水一样低调。但这并不是说它懦弱，白州有一种安静的气质。

P55图：

白州位于森林中

白州

来接我的人是我的老朋友宫本迈克（Mike Miyamoto），他是白州和山崎的前经理，前全球品牌大使，曾是三得利在格拉斯哥的代表——他的女儿仍然有着浓重的格拉斯哥口音。旁边是小野先生，他为获得白州执行总经理的头衔而满怀欣喜。像迈克一样，他也是一名老员工，于1989年便加入了三得利。他的头衔或许能让你大概了解这个酒厂的规模。

人们很容易被白州蒸馏所大量规模数据所吸引：这里占地97公顷，海拔700米，每年接待20万游客，仓库里有60万桶酒，巅峰时期年产量为3000万升。

数字不能揭示威士忌的灵魂。把数字作为判断品质的基础，就会错过其背后的东西。白州建在这里并不是因为宽敞的空间适合三得利的宏伟愿景。这个地点是在1973年选定的，源于这里的气候、水源和地质。自然像科学和经济学一样影响着白州。

现在的白州蒸馏所可能没有20世纪80年代的时候大，但也算是很大了。当时它是世界上最大的麦芽酒厂，一开始的白州西酒厂（Hakushu West）与兄弟厂白州东酒厂（Hakushu East）合并。它成功地结合了超现代方式，似乎是一个充满未来感的麦芽酒厂，同时改造了传统的威士忌制作方法。我觉得这是一种非常日本的方式。世界上有太多的酒厂依赖于“过去和未来的融合”这一空洞的口号。这种口号通常意味着虽然蒸馏器的形状没有改变，但经理会在她的办公室里摆放一台意大利浓缩咖啡机。

同样，酒厂引入现代技术或设备，标志着他们不断使用科技来解决过去的困惑。这样做的理由是为了“效率”，即运用科技来确保更加有效地保持烈酒的品质。这种方法的确有效。

然而，在白州，三得利试图从科学的角度运用其对威士忌酿造的深刻理解，同时回归到至少在苏格兰长期以来被视为过时和“低效”的技术。愿意重新引入“消失的技法”是日本威士忌一直以来的做法。日本威士忌酿酒商从未害怕改变，有时甚至愿意作出彻底改变。市场已经向前看了？那我们也可以改变。新的学习给了我们更深刻的见解？那我们也可以改变。换句话说，传统是灵活多变的，尊重传统，但并不拘泥于固定的形式。

今天早上参观的“火星”可能是一个极端的例子，说明了即使时机非常糟糕，有种精神仍然存在，那就是“我们只有努力洞察我们所做的事情并找到新的道路才能生存下去”。白州更是如此。原先的白州西酒厂在2000年就沉寂了，现在的生产重心集中在白州东酒厂。

白州是为了应对繁荣时期对调和威士忌需求的增加而建造的。因此，它长期以来一直在生产多种产品。如今的种类甚至更多，包括四种类型的麦芽威士忌，无泥煤、轻泥煤、中泥煤和重泥煤。

我们来到糖化槽这里，它有16吨重。我忍不想要唱起田纳西·厄尼·福特（Tennessee Ernie Ford）的同名歌曲《16吨》(*Sixteen tons*)。还是那句话，就像“火星”一样，白州的目标也是清澈的麦芽汁。“浑浊的麦芽汁像太阳上的云一样掩盖了香气，”迈克说，“我们用清澈和浑浊的麦芽汁做了很多实验，发现清澈的麦芽汁有一种‘清澈’的香气。我们真的尊重传统，但有许多方面我们可以创新，比如糖化。”

下图：
新的蒸馏器

我已经见证过清澈的麦芽汁在御殿场的绵密口感与“火星”的香甜口感中的作用，但这种清澈的透明性在白州更受关注。这种威士忌，尤其是泥煤版，是一种极具挑战性的威士忌。烟熏味可能是一种主导力量，将更微妙的香气挤出去，增加了一种不太平衡的干燥感。不过，在这里，即使是泥煤味最重的新品也有一种透明感，让所有的香味都能有同等的地位。它们优雅而持久，没有什么沉重感。

小野解释说：“让过滤层在糖化槽中沉淀需要时间。我们必须留出足够的时间，这样过滤层就不会被压缩。这将有助于我们获得酯类的独特品质和更加醇厚的香气。”

三天的发酵过程会用上不同的酵母。小野说：“蒸馏用酵母和艾尔啤酒酵母是同时投放的。蒸馏用酵母将有助于提供稳定的产量（每吨麦芽的酒精升数）。啤酒酵母对产量没有帮助，但确实让酒味更加有层次感。”

那么这是日本威士忌具有日本特色的原因之一吗？迈克说：“我们认为传统的威士忌酿造方式与风格有很大关系。其实我们遵循的是一种古老的苏格兰风格，但苏格兰已经摒弃了这种风格，所以才显得我们是日本风格！从科学角度来说，我们不知道为什么啤酒酵母会起作用，但通过感官测试，我们认为它赋予了烈酒层次感和饱满度。”

下图：
利用木制发酵槽制造独特品质的威士忌

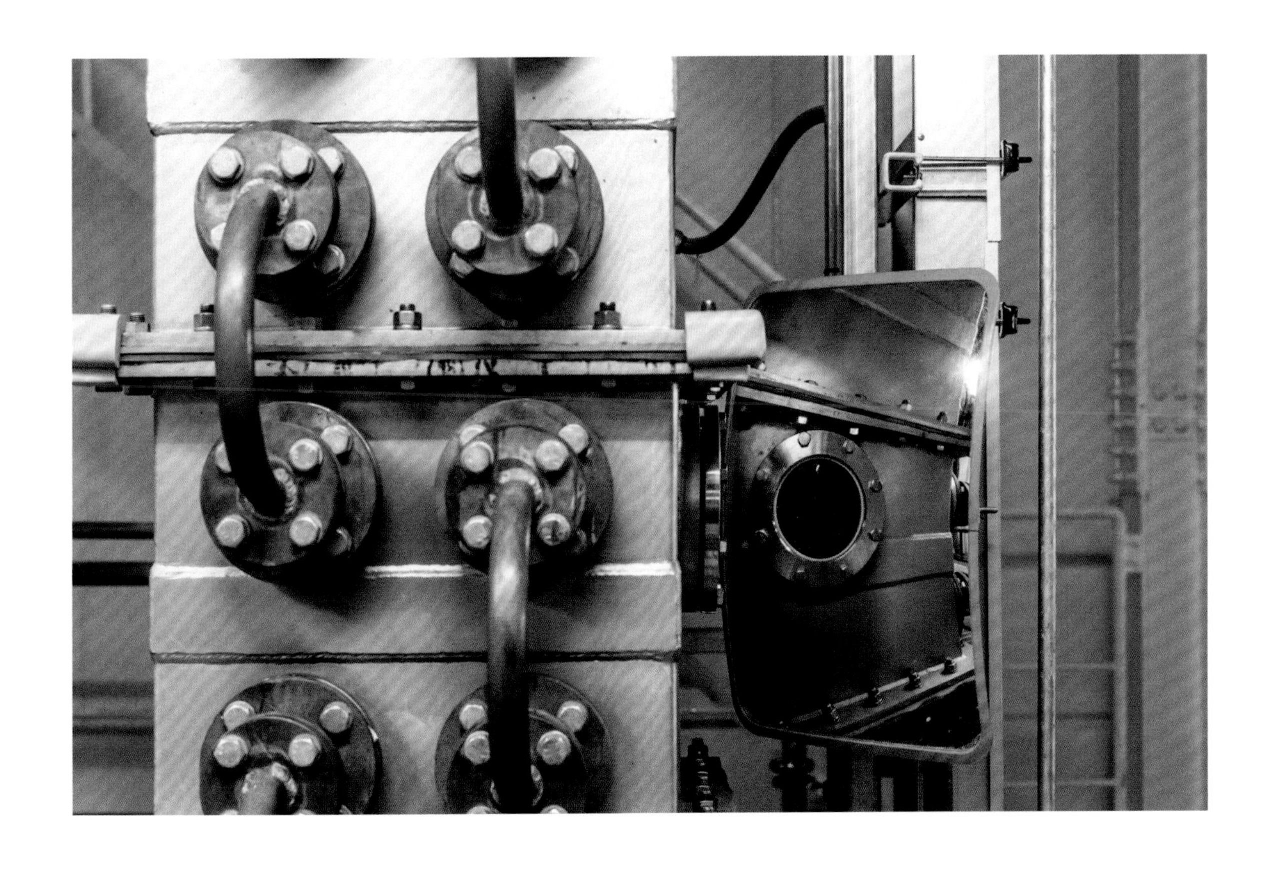

上图：
白州的柱式蒸馏器仍然用于制作试验谷物威士忌

事实上，在木制发酵槽（总共18个）发酵是白州秘方的另一个元素。大多数威士忌爱好者常会把发酵室当成是一个“热场乐队”，在两个“主要乐队”——蒸馏器和木桶上场之前，可以随便看看它的表演。

然而，蒸馏只是在浓缩和选择已有的风味，其中大部分风味是在发酵过程中产生的。威士忌所有的糖分在48小时内转化为酒精，延长发酵时间不会让酒汁强烈，但却有助于活化乳酸杆菌。为了生产多样化的风格，白州蒸馏所的发酵时间也会有所不同。

酵母死亡后，乳酸杆菌开始作用于酒汁。有些以死亡的酵母细胞为食、有些分解酵母无法转化的糖、有些只有过了70小时酸度提高之后才会活化起来。换句话说，它们有助于产生风味：在白州蒸馏所，产生的则是芳香的酯类，给酒增添了乳脂感，带来了新的层次感。

然而，这是一个现代酒厂，不锈钢发酵槽似乎更合适。宫本解释道：“但如果是表面光滑的钢铁，这些乳酸菌就无处可藏了。木材是多孔的，并且提供了它们可以生存的缝隙。”

另外，有人发现信州每间酒厂都有自己独特的乳酸杆菌群，这也是为什么白州威士忌只能在白州制作的一个原因。

还有一个原因在于这里收藏的蒸馏器的数量及规模超乎想象，你都不知道哪里是起点。虽然大多数酒厂都有一种初馏器和一种再馏器，但在这里，所有的传统都被抛到了山那边。白州共有八对蒸馏器，分为七种不同的类型：或胖或高，或瘦或圆。林恩臂或上扬，或下倾，有的可以拆卸下来，切换到另一个角度；有的进入冷凝器，剩下的则进入虫桶。它们两两一组运作，每个都会产生风格迥异的白州酒款。这个时候你可能想想都会觉得头疼。

它们光滑的表面散发出一种近乎诡异的光芒，这种诡异的暗淡绿光让它们变得陌生，让整个空间充满了某种龙穴的气息。声音的音量自动降低，变得如此柔和，以至于咝咝声都消失在蒸馏器的轰鸣声中——蒸馏器都是直火加热的，而不是用蒸汽加热的，这又是引入的另一种几乎过时的技术。

“过去，我们都是直接加热，”迈克说，“但我们做了很多实验之后，把所有的再馏器都换成了蒸汽盘管。不过初馏器一直是直接加热，因为第一次蒸馏与形成酒的特质有关。而第二次蒸馏，火几乎没有影响，因为这时只需要提炼和筛选。”

纵观白州历史，它不断扩张和收缩，现在酒厂再次扩大。我们站在2010年最新增添的一对蒸馏器旁边，这进一步证明了人们对日本威士忌前景的看好。小野说：“其实我们模仿了山崎的罐式蒸馏器，但没有鼓起。这样能获得更醇厚、更浓烈的层次感。但我们可不是在做山崎威士忌！”

下图：
白州有大量的蒸馏器，制作出轻盈的威士忌

本页图：
像矩阵一样的仓库，许多不同风格和类型的酒桶存放于此

产能可能有所上升，但迈克补充说："其实产量的确有所上升。但这不仅仅是为了提高产量，重点是为了创造更多不同的风格。"

那么，传统有多重要呢？"我们认为传统和创新必须结合起来，不过很难使二者达到平衡。例如，当我们需要更换或添加更多的蒸馏器时，我们可能不会坚持以前的形状。"这不符合苏格兰威士忌的传统，但这是以一种变通的方式与传统合作。

"在20世纪20年代和30年代，山崎有很大的不确定性。可以说，我们在黑暗中摸索。白州蒸馏所是从一开始就设计出来的。我们知道我们想在这里酿造什么威士忌，但不知道它能创造什么样的品质。"因此，在某种程度上，发生的变化是由酒厂自己决定的。

这些改变还没有结束。除了新的壶式蒸馏器，2010年，白州还安装了一个由公司设计的小型双柱蒸馏器（18层隔板分析柱和40层隔板精馏柱）。小野解释说："即使是谷物威士忌，我们也需要多样化。这个蒸馏器小到我们可以蒸馏出少量的批次，使用各种不同种类的谷物。我们有麦芽，能用它蒸馏 100%的麦芽，或者黑麦、小麦或玉米。我们也可以在精馏器的任何一个板上取下烈酒，还可以收集不同的口味。我们就是喜欢做与众不同的东西！"

这就是让白州威士忌具有日本威士忌特色的原因吗？小野说："我们的目标是生产出适合日本人温和口味的威士忌，不过我也认为日本人的做法一直是努力追求完美，这样的特质就流淌在我们的血液里。"

上图：
准备做成酒桶的木板

“这也是传统的一部分，”迈克插嘴说，“提升特色和品质，永不自满，永不满足……这就是我们的态度。”

我开始怀疑这和我将威士忌制作与传统工艺实践结合起来的尝试是否一致。总是有人说，日本的传统建立在对过去的崇敬之上，并且在时间和方法上是固定的。另一方面，现代日本显然就是在进行复制、适应以及实现意料之中的进步。这是两种不同的方式吗？

我们走进酒厂周围的森林。甲斐驹岳（Mount Kaikomagatake）的山坡上，花岗岩被雨水和融雪慢慢侵蚀，溪流在一个白沙冲积扇处与尾白川汇合——这就是“白州”这个词的由来。

仓库出现了，上面爬满了常春藤，像一座失落的城市隐藏在树林里。随着时光的流逝，你会觉得它们也融入了这片风景地貌之中。据了解，常春藤是故意放上去的，起到了防止热量损失的覆盖作用，此外每个仓库的一半都埋在地下，以保持均匀的温度。这里依然是高山环境，温差很大：冬天5℃，夏天25℃。迈克说，阿尔卑斯山比山崎冷得多，也不那么潮湿，熟成需要更长时间。

也许这也有助于保持白州特有的清凉草木新鲜感，仿佛森林的枝蔓已经慢慢地渗进了威士忌的香气之中。仓库里面的酒放置在金属架里，就像《黑客帝国》（*The Matrix*）里的场景。虽然大多数新品都是在美国橡木桶和猪头桶中陈酿的，但白州威士忌也有在新的美国橡木桶和欧洲橡木雪莉桶中陈酿的品种（这两种酒都是在三得利的近江酒窖熟成的）。我试算了一下：四种麦芽、八对蒸馏器，有三十二种不同的选择，倒入五种不同类型的木桶搅拌……我的头开始疼了。

附近是三得利的酒厂，严格来说不在我们的旅游路线上。这里有散发着甜味的巨大橡木挂架、巧克力味的干燥木炭以及安静的酿酒工艺。工具、钝金属和手磨手柄，周围水平排列着捆在一起的木板。每一块木板都经过检查、清理，然后重新组装成常规橡木桶或猪头桶。如果说蒸馏师是靠气味工作的，那么制桶师傅则是靠声音工作的：木头上的起锚机的嘎吱声、金属铁环上的铁锤声、刻桶槽时的刺耳声，这是暴力与温和、角度与压力的奇妙结合。

在离开酒厂之前，我们在旧的蒸馏室里散了一会儿步。我上次去时，那里还是被遗忘的废墟，12个巨大的蒸馏器在昏暗的灯光下隐约可见。站在它们面前，雪莱（Shelley）的诗《奥兹曼迪亚斯》（*Ozymandias*）的最后一句话可能会在黑暗中回响："功业盖物，强者折服。"它们的规模证明了推动日本威士忌繁荣所必需的数量，它们的沉寂又是其突然衰落的有力证明。取而代之的是一种更新、规模更小、更灵活的替代品。

迈克说："第二间蒸馏室建成两年之后（1983年）是威士忌在日本的巅峰时期。交易额巨大，仅在日本，三得利老牌威士忌每年就售出1200万箱。我们不需要多种风格；我们只需要一种风格，也就是这家酒厂的风格——用清淡的单一麦芽威士忌作为我们调和威士忌的基酒。后

下图：
森林的环境似乎反映在白州的威士忌中

来威士忌开始衰落，蒸馏的目的也随之变化。现在我们需要更小的容量、但要更多的品种。这就是为什么我们不再需要这间蒸馏室了。”

简而言之，从调和威士忌到麦芽威士忌的转变发生了，但这绝不是一个无缝的衔接。他补充说：“我们建造新的蒸馏室时完全没有想到单一麦芽威士忌。虽然山崎是在1984年作为一个品牌推出的，但我们不确定到时会发生什么。请记住，即使我们在20世纪90年代将重点从调和威士忌转向麦芽威士忌，我们这个行业都在苦苦挣扎。”

这里曾经是一座黑暗的陵墓，铭刻着关于变幻莫测的市场和过度扩张的教训，现在是一座挂着吊灯的纪念碑，提醒世人需要改变。这里会举办招待会，蒸馏器现在作为背景无伤大雅。过去的事情已经过去了，现在我们已经向前出发了。

那么，三得利的风格是什么？“永不放弃的精神，”迈克马上回答，“即使在那25年的衰落中，我们仍然相信我们的威士忌。鸟井的座右铭可以翻译成‘努力去做’，这就是态度。我已经在这家公司工作了37年，我们一直在尝试，一直在努力。虽然努力并非总有回报，但你必须去尝试。这就是创始人的精神。”

也许我一直在以“非此即彼”的方式看待这个问题，有些东西要么只是超越传统的，要么只是属于现代。实际上，传统是灵活的、是流动的。人们倾向于从固化的连续性角度来看待威士忌——酿酒风格是固定的，虽然会改进，但会一直保持不变。酿酒风格就像指纹一样，是烈酒和木桶组成的双螺旋。现实更加微妙，不仅接受改变，而且欢迎改变。真相就是这样：季节、人、知识与理解的交织。停滞不前等于抗拒自然的前进，最终会被遗弃，变成化石，埋在岩石里。相反，在这种情况下，你必须随着松林中的风而动。

P67图：

爬满常春藤的仓库似乎融入了自然风景之中（上）。宫本迈克正在反思一项已经出色完成的工作（下）

品酒笔记

白州蒸馏所旨在为一种风格生产尽可能多的风味，品尝一些原酒和调和成分很容易让你困惑，因为你知道还有很多其他的可能性可以借鉴。

无泥煤版原酒是一个很好的代表，显示了酒厂的浅绿色草木特征，还有甜瓜果和带有鲜味的口感。中泥煤的酒同样清新，但由于烟熏的缘故而显得略干。而重泥煤的酒则让你仿佛置身于森林篝火，尽管烈酒本身仍然纯正而精致。现在，蒸馏器里的各种风味都入肚了……嗯……你能理解我现在的感受吧。

谷物蒸馏器出的原酒同样引人入胜。玉米基底有很好的分量感，里面添加了红色浆果，比最厚重的知多的威士忌更醇厚。黑麦含量40%的谷物威士忌中含有玫瑰香味的滑石粉、百香果和覆盆子。以小麦为基底的蒸馏液焦点风味更集中、更强烈，带有更明显的酸味和一些甜味。

在装瓶的系列中，新的**蒸馏师珍藏**（Distiller's Reserve，43% ABV）告诉我们应该如何看待无年份威士忌。它有甜瓜的口味，还有一些罗勒味，但也有一种淡淡的杏味。整体口感圆润，带有清凉的黄瓜味，中段口感十分醇正。相比之下，这款**12年的酒**（12-year-old，43% ABV）似乎更清淡，有新鲜的草药、薄荷、冷杉木和一丝淡淡的烟熏味，与余味中的酸味协调一致。这也许是白州低调冷静的典型例子。

18年威士忌（18-year-old，43%ABV）标志着白州的威士忌向更醇厚的领域迈出了一步，不过在生产的时候仍有所节制，与三得利威士忌异曲同工。酒中有着生姜和巧克力、李子和杏仁的味道，还带有热带水果和甜瓜的口感，烟熏味也更加明显。更内行的酒是**25年威士忌**（25-year-old，43% ABV），它有一种深山蜂蜡的成熟风味，带有烘烤/干燥的甜水果味，但仍有苔藓味作基底/底味。与山崎之类的威士忌相比，单宁味柔和，酸度依然存在。

林中的麦芽威士忌（左下图）。
白州的高球威士忌（右下图）

威士忌之道

我们步入黑暗，走上一条越来越窄的路，来到该地区的一家阿尔卑斯式旅馆。接待区空无一人，迈克带我们回到外面的一个小屋，那里既是厨房又是餐厅。我们围着一个火炉坐着，马上有人送来了高球威士忌。有浓烈的、口味适中的和带有白州特色的。“让我们醒醒神。”火的烟雾和酒的微妙烟雾混合在一起。当我们分享故事和笑话时，经常会感到精神焕发。

一顿漫长而节奏缓慢的晚餐开始了。这里的一切都是在餐馆周围10千米范围内采集、种植、宰杀或捕获的本地产品。这有点意大利风情，但会转变为日本风格。食物有鳟鱼和鹿肉、新鲜蔬菜和芥末、三年的味噌、啤酒花、熏鸭、自制豆腐和一盘蔬菜，配以味噌为基础的意大利热蘸酱（bagna cauda）。下午，同样的主题又出现了：汲取信息、获得灵感、吸收内容再进化成代表地方特色的东西。这个旅馆的做法与酒厂或制桶厂没有什么不同。

“当然会变成日本式的，”迈克说着，这时又上了一杯威士忌。“我们在日本，它的味道就在我们身边，我们以日本的方式对待一切。我们做的一切都可以称为‘道’，它是一种‘方式’，适用于茶、花、食物……和威士忌。

“在三得利公司，我们从不把威士忌的酿造视为‘生产’。我们努力追求品质和特质。这就是威士忌之道，威士忌制造是工艺和自然的艺术。人们说这太疯狂了，‘这只是威士忌而已’，但我们更深入地理解它——这是威士忌之道，是威士忌的艺术。”

当然，就是这样。这就是它与众不同的地方，这就是在日本的做事方式。这种态度会不可避免地影响创新过程——这是匠人的传统。

我们离开餐厅，在外面拿着一瓶18年白州威士忌坐在另一堆火旁。看着木头燃烧，化为灰烬，我们嘴里含着威士忌，时不时地交谈着。

我沉浸在道元禅师（1200—1253年，曹宗洞禅法创始人）对存在和时间的隐喻中。“柴火成灰，灰烬不能再次成为木柴。但是，不要把灰看成是后，把柴看成是前。我们应该知道柴火有自己的前后而灰烬也有自己的前后。生命是时间中的一个位置，死亡也是时间中的一个位置，这就像冬天和春天一样……”万物都要被注意、被欣赏，再任其消逝。季节，啜饮，时光稍纵即逝。

我们在浓雾中开车回去，从营火中慢慢下山。我被留在北杜基弗李斯特酒店（Hotel Key Forest），成了唯一的客人。

房间宏伟又极简。我的头发有股烟熏味，我拿出一些加里·斯奈德（Gary Snyder）的书。在一本关于日本威士忌的书中引用美国诗人的话可能看起来很奇怪，但他教会了我关于日本的东西，给我播下了种子，而他的写作继续滋养着这颗种子。在旅行中，我总会带一本他的书。这一次，我拿出了他的散文集《禅定荒野》(*The Practice of the Wild*)。出于某种原因，我选了一篇《道之外，径之外》(*Off the Path, Off the Trail*)，这篇我已经读了很多遍了。在某种程度上，这篇文章就是关于荒野和道远的格言“行即道”，这或许就是刚刚道远法师的话突然浮现脑海的原因。

那些文字突然有了不同的含义。斯奈德在书中写道，“对道（路、途、径）的另一种解读是一种对积极技艺的实践……”

他继续讲述工匠的生活阶段，通常都是在一位脾气暴躁的大师的指导下，开始学徒的艰苦时期。“对一个学徒来说，只能精练一门手艺。学徒逐渐在师傅的指导下做一些更深入的操作、了解工艺标准以及行当秘密，开始体验到‘如何才是与工作融为一体’。”

也许我现在正在这条路上。

秩父蒸馏所

从白州到秩父蒸馏所

凌晨4点，我被黎明时分的合唱声吵醒。杜鹃在巡逻，一只啄木鸟在某棵枯树上咚咚啄木，还有一些分辨不清的嗡嗡声和啼叫声，我一直开着阳台门。我在寂静的酒店里徘徊，每层都有一个玻璃器皿，里面装有日本新石器时代晚期（公元前2世纪至公元前300年）的道具，有着楔形脑袋和斜眼睛的奇怪人偶，还有眼睛瞪得圆圆的人偶，都装饰着复杂的螺纹。

陶器开始用于烹饪也是在这个时期，同样还有发酵的使用。清酒曲、味噌、纳豆、大豆、腌菜、清酒、料酒、啤酒、葡萄酒的前身和威士忌都起源于此。这是一个冒着气泡的发酵之乡。

不知为何，旅馆隔壁有一个纪念纽约艺术家凯斯·哈林（Keith Haring）的博物馆。我在里面快步逛了一圈，思考他的一些图案和道具之间的奇怪联系。没什么新鲜的东西，只是有一些改变。

我回来时全身都被淋湿了，雄胜君和武耕平正在等我。去秩父是一段漫长的旅程，最近的路线有130多千米，但是那条路线穿过群山，而且现在正在下雨，所以我们决定走高速公路。

沉闷的天气打断了谈话。武耕平把他的相机收起来，打起盹来。我们就像在一个无止境的洗车场里前行，就连武耕平也很难发现什么有趣的东西。在这样的日子里很难振奋精神，因为没有山景可看，唯一的目标就是到达目的地。我也感到内疚，因为我是唯一一个住在豪华酒店的人。我安慰自己这场雨只是在等待威士忌出现前的洗礼，然而这对于缓解情绪并没什么帮助。

这条路向东南方向绕了很远，以至于我们开始被东京的魅力所吸引——在某个时候，我还以为雄胜君看到新宿的路标时会决定带我们回去。

我们向北再向西行驶时，雨势开始减弱，最后，我们拐向了秩父蒸馏所。云朵就像从山上升起的水蒸气，武耕平又拿出了他的相机。

P73图：

一条神秘的小路，通向秩父上方的森林

秩父

每次我去秩父，都会有些新的东西出现。这座与秩父市中心西北部隔着两个山谷的小酒厂，如今已经成为一所威士忌大学，也是世界各地新酒厂的灯塔。当然，酒厂老板肥土伊知郎（Ichiro Akuto）非常谦逊，不会接受这样的说法。相反，他赞扬了大酒厂的成就，不无道理地指出，他们拥有比他更多的资金和更大的影响力。

尽管如此，他与各大酒厂的老板保持联系这一事实是很重要的一步。十年前，没有一家公司会互相交流，而现在，至少在生产酿造这方面有一种近乎大学的氛围。

他和他的全球品牌大使吉川由美（Yumi Yoshikawa）在那里迎接我们。我第一次见到他时是在苏格兰，当时他经常出现在制桶厂、铜匠工作坊和品酒会上，寻找实现梦想所需的东西。

2008年酒厂开业后不久，我就来到这里，并定期回来叙叙旧。每次我来到这里，酒厂都有新的扩充、新的发展，伊知郎的蓝图也在不断变大，他想创建一个能代表当地特色的酒厂。

例如，他们现在一次可以处理1吨麦芽，这些大麦都产自当地。实际上，他们自己也种了一些大麦，当然了，因为这本来就是他们要做的事。每当研究过程中有新的内容出现时，团队就直奔源头，也就是找专家，并参加一个速成班，学习如何制作。想满足自己的一些发麦需求时，就去英国诺福克的克里斯普发麦厂（Crisp Maltings）学习；想种植大麦时，就坐上拖拉机种植收割。

今年生产了5吨麦芽（目标是当地的大麦占酒厂需求量的一成），幸运的是，第一批麦芽在当天就被蒸馏出来。在伊知郎看来，这是合乎逻辑的一步，有助于进一步将酒厂与社区联系起来。这里没有种植大麦的传统——这里是荞麦之乡——但收获之后，田地将会一片空旷。他解释说，“在我们说到如何在英国生产麦芽之后，当地农民就想在冬天把他们空闲的土地利用起来，他们问我们是否有兴趣种植大麦。这很有趣，而且他们也能挣到钱。”

不同的品种正在试验中。“彩之星（Sainohosi）是雨季前收获的，然后有一个以两排为单位种植的山地品种——二棱大麦（Myosi-Nijo）。我们还在试验一些老品种，比如低产的金瓜（Golden Melon），这是日本第一种用于威士忌酿造的大麦。它生长在海拔较高的地方，产量较低，但收获较晚——在雨季收获。”

“产量低”意味着从每吨大麦得到的酒精少，这种事会让会计师发疯。伊知郎反驳说，但这样可能会出现不同的味道，会带来新的可能性。

上图：
秩父的宝塔式干燥炉有助于加工当地的大麦

这是一个重大举措，因为几十年来，日本酿酒商使用的所有麦芽都是从英国、欧洲和澳大利亚进口的。原本是源于日本的水稻种植文化，但随着产业的扩张，土地无法满足所需的麦芽数量——而且价格昂贵。

也许这个决定也源于伊知郎需要巩固自己的根基。他的祖先于1625年开始在秩父酿造清酒。当羽生市的酒厂关闭时，他决定重新开始。“如果我很有钱，我肯定会找遍整个日本。但幸运的是，我在这里体验过清酒酿造，我知道这里的水适合酿酒。想找到好的土地来建立一个新的酒厂很难，所以我决定从我出生的地方开始。”

秩父从一开始就把泥煤麦芽作为它的一种表达方式。这样的方式来源于克里斯普发麦厂，但现在也有一些当地的泥煤正在试验中。如你所见，这个团队已经学会了如何挖掘这些泥煤，并研究了烧制的工作原理。这些泥煤带有明显的熏香味。

我们脱下鞋子，穿上橡胶拖鞋，进入一间操作间。这里的一切都在同时进行：磨坊在运转，糖化槽在被注满，蒸馏器在工作，木桶正在成形，酒瓶在装酒和贴标签。一切都在井然有序地进行着。

在工厂旁边，一个团队正在使用一个老式的“摇盒”（shoogle box）来仔细检查研磨后的碎麦芽。三个水平层由不同大小的网格分隔开，将碎麦芽放在顶部，盖上盖子，用力摇晃（“shoogle”意为“摇晃”，是苏格兰方言），然后再称一下三个部分来检查比例。伊知郎开玩笑说：“他得再使劲摇一摇。”我在iPhone上找到了巴西歌手乔治·班（Jorge Ben）

上图：
秩父的发酵槽是由水楢木制成

的桑巴舞曲。根据他身上流下的汗水来判断，这个节奏似乎很合适。

在糖化槽，一个年轻的小伙子正在教一个像是刚从学校毕业的新手。他们注视着水和谷物的每一次喷溅，似乎一个没有完全成形的水滴都会损害酒的品质。

糖化槽本身很小，只能装1吨谷物。糖化槽静置30分钟，在此期间淀粉会被转化。“只有在抽取之前才会轻轻搅拌。我们要的是清澈的麦芽汁。”

我们爬上梯子，查看由非常昂贵的水楢木制成的发酵槽。这样就只是为了美观吗？“我其实想过用不锈钢，但是我有个朋友是做木材的，他提出了这个想法，我真的很开心。他认为水楢木中可能存在着一种不同类型的乳酸杆菌，所以有可能制作出不同类型的口味。”

“你可以通过测量酸度来判断乳酸杆菌的活性，所以我们不从时间的角度来考虑，而是通过酸碱度的pH值来判断。我们需要把它的pH值降到4。当pH值达到4时，我们就会得到我们想要的酯类物质和威士忌的层次感。所以我们会根据发酵情况改变发酵的时间。如果pH值高于4，我们就让它继续发酵。”他若无其事地地摸了摸其中一个发酵槽的外侧，“每一个需要的时间都不一样，要说平均值的话，那就是90小时。”

这里让你开始感受到直觉、经验、创造力和日益增长的信心融为一体的产物，这种产物在秩父至关重要。这里不是第二座羽生蒸馏所，未来也不会是。“无论如何，秩父的环境影响了其酒的特质。”

酒精正在通过两个小蒸馏器（容量2000升/440加仑）。在苏格兰，酒精保险柜是锁着的，酿酒师不得不依靠经验和仪器来取酒心。但在这里是放着一个玻璃杯，任人随时取用。

伊知郎说："我们向来按照口味来取酒心，所以实际分酒点可能会不同。我们通常从72%、73%左右的酒精度开始收集，然后，无泥煤在63%、泥煤在61%结束收集。然而在冬天，由于冷凝器的水温较低，我们得到的酒精会更浓。冬季蒸馏酒更适合长期熟成。"季节因素再次发挥作用。

这和酒与铜之间的相互作用有关。酒精蒸汽与铜接触的时间越长，它的浓度就越低。因为进入冷凝器的水在冬天更冷、表面温度更低，所以转化回液体更快，烈酒酒精度更高。

所有这些都在测试着酒厂的能耐。正如迈克在白州说过的，酒厂的一切器具都是活生生的实体。我环顾四周，整个地方都生机勃勃，散发着麦芽浆的香味。发酵槽里令人头晕目眩的刺鼻气味，酒精保险柜里氤氲的复杂气味，并且随着时间的推移，仓库里浓浓的真菌气味也会加入进来。这是一个富有生命力的过程。

不间断的检查：收集罐（左下图）和烈酒保险柜（右下图）

若想让秩父取得成绩并生存下去，伊知郎必须探索所有的可能性，即使他非常谦虚，一再淡化他所做之事的意义。“我们的酒厂规模还很小，”他经常说，“我们仍在学习。”他说得对，与大酒厂相比，这里的生产水平很低，而且所有的一切仍然很新、实验性强。基于这些事实，他认为秩父仍然处于可塑阶段也是有道理的。团队在学习，酒厂在站稳脚跟，这需要双方的共同努力。

作家和威士忌迷（以及威士忌迷作家）现在都想要秩父的威士忌。我们都对这里展现的可能性感到兴奋。伊知郎说，“不要急，威士忌需要时间，我们会做出来的。”不过，你应该可以理解这种焦急。秩父代表了日本新威士忌时代的开始——在全球都可以买到（尽管数量很少）。当时只有三得利和一甲（Nikka）的威士忌，御殿场只在日本国内销售，轻井泽关门了，而“火星”被人遗忘了。

有时，你会想，关于秩父第一次发售威士忌时获得的赞誉，从某种程度上说是否有皇帝的新装的感觉。和轻井泽的情况一样，人们对酒的鉴赏能力受限，因为那时威士忌还很少。但是秩父从一开始就很优秀，人们担心的不是它的质量，而是还有谁会成为伊知郎的接班人。他无法肩负起新兴多元化产业的希望。

紧紧箍住——水楢木发酵槽的一个桶箍（上图）。肥土伊知郎，一个拥有全方位愿景的梦想家（P79图）

这是一个充满惊喜的地方。我瞥了一眼武耕平，他和我一样，尽管有点困惑，脸上依然挂着灿烂的笑容。他也看到了，其实要想看不到也

很难，因为没有多少酒厂的地板中间有一个巨大的木蛋。它可能是一个艺术装置。也许上面会放一只巨大的木鸡。

“鸡蛋？”

“啊，”伊知郎笑着说，好像这对他来说也是一个惊喜。原来，这颗木蛋来自法国顶级箍桶公司塔兰索（Taransaud），该公司专为葡萄酒行业打造酒桶。该公司称，这种形状会产生一个微弱的旋涡，让葡萄酒的口感更好。“他们问我们想不想看看如果把成熟的威士忌放进去会怎么样，所以它们就出现在这里了！它可以装十桶酒，所以我们把它当作一种塔兰索大桶来使用。”换句话说，永远不要完全倒空它，这样可以从老威士忌中获得浓稠度和深度。

然后呢？“威士忌似乎变得更醇香了。”

秩父的血液中有着“如果……”的传统。快速装满的仓库（第四个刚刚建成，将在一年后装满）放满了你能想象到的各种木桶：来自美国的波本桶、猪头桶、白橡木桶，来自欧洲橡木的雪莉桶和猪头桶，来自法国橡木桶的红白葡萄酒桶、波特酒桶和马德拉酒桶、水楢木新桶、朗姆酒桶、格拉帕酒桶、干邑白兰地酒桶和龙舌兰酒桶。全新的桶和二次装酒的桶，以及伊知郎自己的发明——小的1/4桶（chibidaru，字面意

本页图：
在秩父装桶

上图：
秩父已经成为威士忌的大学

思是“可爱小巧的桶”），桶盖是白色橡木或水楢木。有些是为了足月生产，有些是为了收尾，有些可能两者兼有。

“我们是一家年轻的酒厂。在苏格兰，酒厂坚持使用雪莉桶或波本桶，因为它们历史悠久，而且他们找到了适合自己的木桶。但我们是新来的，所以我想尽可能多地尝试，为这家酒厂找到最好的木桶。”

“然后呢？”我脱口而出（又是那种作家式的不耐烦）。

“现在说什么是最好的还为时过早，这很难说。”

最后一个新开发项目位于山下的小屋内，那里是轻井泽最后的遗迹。这是一个专门建造的箍桶厂。“我们总是去埼玉拜访箍桶匠斋藤光雄（Mizuo Saito），了解他的经历，最终决定请他教我们如何箍桶。我们只是想知道如何制作，并没有真的想去箍桶。”

“2012年，他决定关闭箍桶厂，因为他年纪大了，也没有继任者。”伊知郎环视了一下那里。“所有这些旧机器都会被当作废品出售，所以我们买下了这个工厂，并以此建立了一个合作组织。在我们自己制作木桶后，我们对木材有了更多的了解，比如纹理的宽度如何影响质量。纹理宽松能够带来单宁和色泽，而纹理紧致则会让酒更芳香，这对我们很有帮助。今年秋天我们有望获得本地木材。”

为什么要多走一步呢？

25

“为什么？因为有意思啊！我们是威士忌爱好者，戴夫先生，我们想学习如何制作威士忌，所以这意味着要学习如何制作麦芽、木桶以及种植大麦。”

这很“伊知郎”。当然，这与威士忌酿造和对参数的控制有关，但这也有慈善的一面——帮助当地农民或老箍桶匠，雇用在他家门口找工作的年轻人和热心人。这一切的背后是对工艺和经验理解的渴望——向大师们学习，无论他们是农民、箍桶匠，还是其他酿酒师。而这就是威士忌之道。

我想起了像诺玛餐厅（NOMA）这样顶级的丹麦餐馆，那里的厨师不仅会做一场舞台似的美食表演，而且会参与整个过程，从一种配料的培育生长到最后一道菜的成品。

从这种心态来看，不要箍桶厂才是愚蠢的。我很想问问他是否想学习如何制作蒸馏器，但我担心下次还会再出现一个铜匠。

我们边品尝边聊天。他说，日本威士忌紧随苏格兰威士忌，但即使在苏格兰，每个酒厂的特征也不尽相同。在日本，温度的变化为威士忌创造了不同的特征，而且日本和苏格兰的气候也是不同的。

“我不能说‘日本威士忌’，因为我们在做的是秩父威士忌。我们通过坚持正宗的威士忌制作方式和理解秩父特有的细微细节来追求秩父的个性。我们正努力在现有条件下酿造最好的威士忌。”

全球品牌大使由美补充说，“不止有一种风味。其他公司技术高超，而且不拘泥于一种风格，三得利也从未拘泥于一种风格。我们也不想只有一种特质，我们要让秩父发展起来，它是介于传统和发展之间的。有些国家只尝试新事物，而我们尊重传统，但也从未停止对发展的思考。我想这才是日本的特质。”

在之前的一次访问中，伊知郎曾说过，“只有来到这里，我才能充分体会到制作优质威士忌需要各个自然环节的配合。与威士忌制作相关的事物实际上随处可见，威士忌制作不仅仅发生在酒厂大楼里，它涉及林业、农业和蒸馏技术。”他指着周围的土地说过，“你需要所有这些东西来调制上好的威士忌。”也许这正是透过近400年的发展才能获得的感悟。

他们所做的事情也为日本威士忌赋予了新的视角。通过把它带回到这片土地上，通过与那些种植、发麦芽、挖泥煤和制造木材的人重新建立联系，他们正在把日本威士忌带回其早已被遗忘的根源。它既是新的，也是旧的。

伊知郎和他的年轻爱好者团队正在展示可能的新制酒方法，所有这些方法都植根于一种地方感、归属感和一门几乎被遗忘的古老工艺。

本页图：
在秩父新的箍桶厂工作

品酒笔记

秩父的名声理所当然地在国际上传播开来，结果每个人都想一尝它的威士忌。然而，秩父是一个小酒厂，而且是一个新的酒厂。伊知郎必须平衡供需，让人们保持兴趣和快乐的同时，也要为未来积累储备。不过，威士忌爱好者们，要有耐心，你们不会白等的。

无泥煤的新品略带油润感，新鲜而浓郁，只带一点点谷物味。加水后带出了多汁的水果味，是蓝莓和苹果味。香气萦绕口中，久久不散。这款新品味道浓郁，保留了甜味（现在像奶油蛋卷一样），还有烟熏苹果、木烟和有趣的湿羊毛风味。这种烟熏味口感浓郁，带有植物的味道。

单桶样品很好地展示了风格的发展。2009年的第一桶美国橡木桶在大黄与草本气息外，增添了经典的香草和松木味道。加水带出了桃子和日本式的清冽和浓郁，充满了香料和多汁的黄色水果的口感。

如果没有水楢，就不会有秩父。2008年，秩父第一次装酒已经开始使用桧木和一点熏香，由黄油或葡萄干成分以及那些成熟的水果做柔和的风味支撑。单宁已经开始转化，糅合了三山椒、甜香料和香草。虽然泥煤味威士忌晚了两年才出现，但它见证了水楢和酒精朝着不同的方向发展，烟熏味和木桶的醇厚增加了一种新的香味元素，类似树脂味，令人回味无穷。

在装瓶的产品中，2015年最新的**秩父在路上（Chichibu On The Way，55.5% ABV）**调和了不同年份的大桶酒，带有明显的花香（准确地说是龙面花和依兰花的香味），重量感很好，前味有一点糖霜味。酒中包含秩父温和而自信的执着品质，夹杂着鲜花、白桃和熟苹果味，余味清新，酸度适中。

泥煤2015（Peated 2015，62.5% ABV）是2011年蒸馏出来的。它有着很好的深度，那种羊毛的味道再次出现，还有绵延的青草味以及紫罗兰香，同时有一种柚子味的轻盈感。口味的丰富度掩盖了它酒龄不长的缺陷。最初是弥漫的烟熏味，不过秩父的平和与优雅口感会及时显现。

本页图：
多种多样的风格正在形成

旅店生活

秩父是一个有趣的城镇。从表面上看，它可能是一个安静的温泉之地，人们在这里过着平凡的生活，只有在12月的秩父冬夜祭中才会变得热闹起来。但如果你对它的乐趣了如指掌，你会发现这其实是一个派对小镇。而如果你想探寻威士忌，可以去Te Airigh（又名Terry's bar），秩父整个团队会在这里谈论威士忌和闲聊，毕竟来这里就是做这些事的。

啤酒和威士忌源源不断送上来，人们还有更重要的事情要和酒吧的妈妈桑讨论，比如在哪里可以找到最好的蟹味噌或者蟹黄寿司。蟹味噌或者蟹黄寿司显然是北海道的东西，用毛蟹做的。"你喜欢吗？"她看起来很惊讶。"我给你写下来！你一定得试试，它会……"她比画着模仿我的头爆炸的样子。

对话变得严肃起来，我和由美讨论了日本威士忌缺乏监管的问题，这可能会让投机者制造低质量的"日本威士忌"，进而对整个行业产生负面影响。不同于其他威士忌生产国，日本威士忌无须标识最短年份，也就是允许新酒自称为威士忌。可以用任何木材做酒桶，中性烈酒也可以用来调和威士忌。苏格兰威士忌可以在日本装瓶，贴上醒目的日本标签，然后冒充其来自日本。我们看到陈年的米烧酒在美国当成日本威士忌出售。

这种明显宽松的政策源于第二次世界大战后，当时需要谷物做食物，因此威士忌制造商不得不使用其他原料。从经济和营养的角度来看，这样做是有意义的，但正如由美指出的，尽管世界已经改变，但规则并没有跟上步伐。理论上，没有什么办法能够阻止一种未熟成的中性烈酒自称为日本威士忌，随着人们对威士忌兴趣的增加，这是一件令人担忧的事情。

"可以了，"伊知郎喊道，"还有时间，我们再来一轮。"

由美带我去过夜的旅馆。还有时间去泡个午夜温泉，总会有时间泡午夜温泉的，它让你缓解疼痛，放松和思考。

伊知郎以及他的团队不会说"我们在做日本威士忌"，他们会说"我们在日本生产威士忌，它自然就变成了日本威士忌"。更具体地说，他们会说"我们在这里生产威士忌，因此它们是秩父威士忌"。

早些时候，我对妈妈桑说："但你又不用犁地、收割和挖泥煤。"她看上去一时不知所措。"为什么不用？这也是一种学习的方法，如果你在实践中学习，你将会更擅长判断细枝末节。"

是不是像关注细节那么简单？你不能说苏格兰没有那种态度，但也许这就是他们追求的本质——将威士忌思维与风景相结合，建立起深厚的关系。利用自身的条件，与其他工匠有机结合、和谐相处。

威士忌之道不是一句空话，它关乎学习、倾听和实践。不是制作团队更注重什么，而是由于位置和条件的不同，制作团队表现出来的注重的内容特质也不同。这也是"谁更好"这种简化版争论的问题所在。日本人只是在尽力做出最好的日本威士忌。

我躺在蒲团上，很快就睡着了。真是美好的一天。

素雅之美

我应该讲讲杯子的事。当我们快到达秩父时，武耕平决定试拍一些“雾山”的照片，所以我们离开了高速公路，走了第一条看起来是上坡的路。我们穿过湿漉漉的树林和被雨水打湿的旧台阶，经过一个小小的神社、几座房子和一个外形奇怪的天文台。停好车，我们走进树林，雨点打在树叶上，我们在雨中滑行。我躲进一间小屋里，看着山谷的另一边，武耕平向着很明显是悬崖边的地方走去。他很快就回来了，用毛巾擦了擦头。云层仍然太低，达不到完美的效果，但我现在已经意识到他是一个永远的乐观主义者。他说，如果这是无聊的一天，那就是无聊的一天。“照片将会记录事实。”

我们回到下坡路，但没有重新回到主干道上。雄胜君开始沿着一条狭窄的乡村小路行驶，雨水搅动了稻田里的泥土，我们的车吓到了一只愤怒飞走的鸭子。

他停在某个人家的车道上。我以为他迷路了，正在问路。相反，他说：“好了，吃午饭吧。”然后向后门走去。我看不到任何标志，但还是跟着他走进了一家小荞麦面馆。

最简单的饭菜最可口。酥脆精致的天妇罗，用当地的荞麦制成的冷面，配上浓浓的鸭汤。墙上的牌子上写着，套餐中可以包含一杯伊知郎麦芽威士忌。“他常在这里吃饭。”店家自豪地说。不接受这个提议似乎不太礼貌。

威士忌装在一个粗糙的陶瓷杯里，有点不规则，表面有红色釉条纹，内部带蓝色气泡。这个杯子是厨师的父亲做的，非常低调，太合适了。杯子盛着威士忌，放在当地的荞麦面旁边，还有一份很可能是用那只鸭子的伴侣做的肉汤。这个淡雅的小杯子颇有素雅之美。

这是一个很难理解的美学术语，就像侘寂，它是日本工艺不可或缺的一部分，但几乎无法翻译成其他语言。拥有素雅之美的物体是“安静的”，而且充满深意。它们既不花哨，也不夺目，而是简单、朴素。

柳宗悦（Soetsu Yanagi）这位哲学家，重新唤醒了20世纪人们对传统工艺的兴趣。对他来说，素雅之美“不是由它的创造者向观众展示的美；这里的创造意味着……创作一个作品，引导观众自己从中汲取美……在素雅之美中，美是使观众成为艺术家的美……它谦虚、克制、内向，具有简单的自然性”。

我一直相信威士忌（其实就像所有的饮品一样）不会独立存在于其起源文化之外的泡沫中，它就应该是不断从文化里冒出来的。它有一个特定的文化领域，驱动它产生的需求、欲望和框架，无论是美学的还是哲学的，都会影响它。威士忌不仅是由过程创造的，也不仅仅是由气候塑造的，它是一种心态的产物。这种心态的根源是文化而不是商业，与地方和人密不可分。如果你想试着理解是什么塑造了日本威士忌，那么就必须对这些关联性进行检查，而其中之一就是素雅之美。

现在我品酒时会考虑到成熟度曲线及其与季节的关系，还会考虑威士忌是否能展现出素雅之美这样的品质。柳宗悦在《无名的工匠》（*The Unknown Craftsman*，2013年）中写道：“平淡无奇，……自然的、天真的、谦逊的、谦虚的，如果不具备这些品质，又谈何美丽？温顺、简朴、不华丽——它们是赢得人们喜爱和尊重的民族特征。”

想想威士忌及其透明度。那些浓郁而细腻的香气，从不叫嚷，淡定而又谦逊，富有自然而安静的深奥感。那只杯子拥有素雅之美，威士忌也一样。

我写信给由美，请他帮忙问问店家的父亲我是否可以买一只陶瓷杯。几周后，我收到了一个包裹，这是店家送给我的礼物。我现在正在欣赏它。

上图：
谦逊、谦虚、克制——这些是素雅之美的关键

水楢

日本威士忌可以通过多种方法将自己与其他风格区分开来：清麦汁、蒸馏技术和气候的影响。在芳香方面，日本水楢的使用也能产生显著的影响，为整个芳香谱增添一层异国情调。

虽然水楢生长在东亚、西伯利亚、库页岛和千岛群岛，但在日本很少见。虽然发现于本州岛北部，但它主要生长在北海道。从明治时代开始，随着殖民者开始在北部岛屿扩张，他们为了建立牧场而清除了原始森林。

水楢是一种白色的橡树，长得很慢，一棵树可能需要150年才能成熟，还有很宽的纹理。虽然水楢木仍被用于制作地板、家具和家用器具，但它从来都没有受到桶匠的欢迎。这种类型的木材多结，也不含焦油，焦油是一种可以堵塞木材孔隙并防止木桶漏水的物质。

第二次世界大战时，日本威士忌行业只能使用水楢木，因为美国不供应橡木。在战后重建期间，美国橡木的供应重新开始，水楢木桶就失宠了。

水楢的复兴完全归因于它非凡的芳香品质。随着时间的推移，它增加了檀香和雪松等芳香木材的气味。但最重要的是沉香木的气味，沉香木是日本寺庙熏香的原料；你也可以从中嗅出树叶、泥土和椰子的味道，仿佛樟脑薄荷糖——这种芳香来自顺式与反式内酯（cis- and trans-lactone）。橡木似乎也增强了威士忌的酸度、增加了它的亮度。水楢木桶酿出的酒通常太浓，不能单独出品，而对于制作复杂单一麦芽威士忌或调和威士忌来说，它则是一件宝贵的武器。

三得利拥有最大的木桶库存，每年的制造量很少，而且每砍一棵树就会重新种植更多的树。除了一甲以外的其他蒸馏酒厂都在使用水楢木，但数量较少。

上图：
水楢木（右）和美国橡木（左）结构不同，很难箍桶

Black is Magic
Hisamitsu
サロンパス
もんじゃ
西村
FRUITS & PARLOR
Mighty Vision
Black is Magic
大盛堂書店

从秩父到东京

我起得很早，笨拙地从地板上站起来。我的房间外面有一个浴缸，里面不断注入着温泉水。我冲洗一番，然后泡了进去，写些笔记，然后再重新来一次。温泉以某种方式清洁皮肤和心灵。我离开带来微微刺痛感的温泉，准备再次面对这个世界。不过或许只是准备好了吃早餐——几道家常小菜、泡菜、鱼、米饭和味噌汤。走之前真的还能泡第三次吗？旧木地板吱吱作响，还有时间。鸟鸣声从对岸的树上传来，竹影在潺潺的水中闪烁。这时太阳出来了，水光变成了金色。

由美接我去车站，然后坐直达列车回东京。列车穿过陡峭的森林峡谷，野生大蒜和暗红色的树干从眼前闪过，就在驹丘山边，一架白色起重机停在绿色的稻田里；在零零散散的农场，一小群一小群的人们像他们的祖先一样在这里谋生，这样的生活延续了几个世纪。我们沿着轨道颠簸前行，远离田园牧歌，回到饥饿混乱的城市。我试着说服自己，这是一种平衡。至少我已经干干净净，做好了准备。

我在公园酒店登记入住，然后打电话给武耕平：“该去几家酒吧逛逛了。”

东京酒吧生活

Zoetrope

如果你真的想出去喝苏格兰威士忌，可以去千代田区的Campbelltoun Loch酒吧，但这不在我们要讲解的内容范围内。对“日式蒸馏的西式风格烈酒”感兴趣的人必须去的酒吧则是新宿的Zoetrope。

它的经营者是曾任电影制片人的堀上敦（Atsushi Horigami），他还是夏威夷衬衫的狂热粉。无声电影在大屏幕上播放着，还有精选的音轨（当然是在黑胶唱片上）作为伴奏。荧幕后的架子上堆满了精选的日本蒸馏酒，很多很多，会让你看得眼花缭乱。如果你想了解日本威士忌的真相，就应该来这里。

这家酒吧于2006年开业，几乎收藏了堀上敦从20世纪90年代中期开始收集的许多无名威士忌。他为什么这么做？“我有点像50后，没什么钱，进口威士忌贵，就开始喝日本的。那时我还不懂得欣赏风味。”

田中城太加入了我们，一杯接一杯的威士忌下肚，我们开始理出日本威士忌繁荣背后的真相。

这种繁荣可能是建立在调和威士忌的基础上的，但并非所有都和三得利的“響”（Hibiki）的地位相同。那时是属于三得利的托力斯（Torys）和角瓶（Kakubin）、一甲的红标（Red），以及其他威士忌的时代。这些通常都是低成本、低浓度的大众品牌，以普通工人也能够承受的价格出售。事实上，日本国内税收制度为这种情况的发生提供了保障。

从1940年到1989年，威士忌行业实行三级制。威士忌要么是特殊等级（43% ABV），要么是一级（40% ABV），或者二级（37% ABV）。麦芽含量越低，等级越低，税收也就越低。二级威士忌主要就是针对低收入人群的。

非麦芽威士忌的酒精应用范围大得令人瞠目结舌。除了我们称为威士忌的蒸馏谷物酒精，“威士忌”也可以通过蒸馏发芽谷物和其他材料制成的酒精物质来制造。前提是，如果酒精物质是由含有发芽谷物和水果的混合物制成，其中发芽谷物的重量需大于水果的重量。通过向麦芽威士忌中添加酒精、烈酒、烧酒、香料、色素或水而制成的酒类，其风味、颜色和其他特性需与麦芽威士忌相似。这并非我们近年来一直在体验的“日本威士忌”。

我们喝了一些二级威士忌。一甲的北国（Northlands）的标签上写着“高球专用”，淡而无味，富含谷物，尝起来像绿豆和糖的混合物。轻井泽的母公司海洋（Ocean）的威士忌又重又油，就像在吃口香糖和梨子糖一样，而同一家公司的白船（White Ship，加拿大风味的白色威士忌）也有同样的黏性，但香草提取物含量更高。

此外，进口烈酒的税率再次提高。1986年，欧盟向世界贸易组织抱怨称，这一体系存在不公平的歧视。三年后，旧的分级制度和进口税都被废除。

苏格兰威士忌价格下跌，开始与日本国内品牌竞争，一级和二级威士忌受到的冲击最大。堀上敦说：“1989年是转折点。”他说着拿出了更多的瓶子，“质量必须提高。”

他给我们倒了一些稀有陈年调和威士忌（Mars Rare Old Blende，来自山梨酒厂），清淡的甜美香气与浓郁的果香互相平衡；还有一个羽生的金马8年单一麦芽威士忌（Golden Horse 8-year-old，39% ABV），甜得像糖（这是怎么回事？），闻起来有奶糖、味噌、蔬菜的味道。

尽管单一麦芽威士忌和高品质调和威士忌不断发展，但日本威士忌在20世纪90年代也遭遇了危机，部分原因可能是税收的变化。亚洲金融危机的连锁效应无疑也产生了影响，还有一个简单的事实，那就是有一代到了饮酒年龄的人，他们不想像父辈和祖父辈那样，整晚坐在居酒屋里喝加了冰和水的威士忌。

为了重新获得信任和吸引年轻人，各酒厂进行了一些非凡的尝试，这对中年高管来说是一件危险的事。我们得到了一系列像父辈喝了会跳舞的威士忌：三得利的生牛皮（Rawhide），一种40% ABV的波本威士忌和日本威士忌的混合物，闻起来像电视剧《快乐时光》（*Happy Days*）的开场，都是薄荷醇和泡泡糖的味道。麒麟-施格兰（Kirin-Seagram）的NEWS 500标签和玻璃瓶的设计很奇妙，混合了巧克力奶油糖果、脂肪、玉米和鲜花的味道。还有Hips威士忌，它是“最鲜亮的威士忌”，它的标签略显下流——一位时髦女郎从她的长筒袜顶上弹出一个瓶子。三得利又来了，这款有一个奇怪的罐状绿色瓶子，里面装着意气风发的Q1000，“又轻又光滑”，玻璃杯远不如NEWS 500的酷。

城太回忆道：“NEWS的诞生正好赶上时代变化的时候，公司正在生产100%正宗的威士忌，但完全没有规范！”库存就这样堆积起来。麒麟的周六（Saturday）号称是“新时代高品质威士忌”，三得利试图通过Smokey & Co系列、天然醇香（Natural Mellow）、超级烟熏（Super Smokey）和上等薄荷（Fine Mint）来吸引新的时尚人群。上等薄荷是薄荷味的，但是威士忌的口感是平衡的，可以做一杯很好的预调朱莉普。

上图：
日本威士忌历史的守护者，堀上敦（Atsushi Origami）

本页图：
20世纪90年代的“爸爸跳舞”系列的威士忌

销售额随着价格继续下降，而库存堆积如山。城太回忆说，我们酒龄21年的“永恒”(Evermore)卖价10000日元。堀上敦找到一瓶同一时代的25年酒龄的轻井泽。

“不过，这是一个转折点。”他说，拿出一个瓶子，瓶子上有一个精致的水彩标签：三得利的南阿尔卑斯山厂生产的纯麦芽威士忌。如果说这个国家的口味已经偏向烧酒，那么有一种芳香、含糖、清淡的威士忌可以尝试重新夺回国民的欣赏，不过依然未能成功。

当然，这一现象也有另一面。一些了解1989年之前市场的人认为在此之前制作的酒都很差，这其实是不正确的。当年有很棒的威士忌，只是市场变化更大，主导者都是底层产品。

为了证明前一点，我们以伊知郎为纪念26届清里野外芭蕾公演（Kyosato Field Ballet’s 26th anniversary）而出品的威士忌作为结尾：这款由1992年的羽生和1982年的川崎混合而成的调和威士忌带有强烈的咸味和皮革味。所以说不是所有的酒都是轻盈甜美的。

1989年，日本威士忌产业没有在压力下生产出更好的威士忌。相反，规则的变化只是促使威士忌制造商们继续重复传统，探索高端、创新，并否定之前的工作。

正是因为有了堀上敦这样的人，我们才能讲述这个现在已经被遗忘了一半的故事。

岸久（HISASHI KISHI）

你不能否认岸久的存在。他主要的酒吧（他在银座有两个酒吧，在京都有一个）——明星酒吧(Star Bar)，是我每次去东京都会去的唯一一个酒吧，去了也只是在那里坐着看他工作。岸久是国际调酒师协会的世界冠军，日本调酒师协会的主席，也是一名电视明星。他是解释如何用日本方式制作鸡尾

酒的细节的最佳人选。

日本酒吧往往小而昏暗。可选的威士忌种类很多，用的玻璃器皿是古董，音乐是冷爵士乐。品尝饮品需要时间。不管是水、啤酒、纯威士忌还是鸡尾酒，制作时都要精确而小心。

这就是岸久所代表的理念。一开始气氛比较拘谨，很快就其乐融融了，讲的故事也越来越离题。我想在他开始上晚班之前和他谈谈摇酒的问题。我已经看他摇酒好几年了，他的动作就像在练空手道一样：干脆利落，每一个动作都流畅而精准。这不是在表演摇酒，这是一种哲学。

我们就日本调酒师和那一代现在已被遗忘的创始人长谈了一番，现在终于找到了答案。“我认为我们日本人在调酒方面没有传统的方法，所以也没有所谓的创新。你知道他们怎么说的——我们不能发明汽车，但我们可以改进它。”这是他的开场白。

“但是时代变了，对吗？在昭和时代末期，一些大师拍了一支制作鸡尾酒的视频。你一看就会发现，当时的方法跟现在不一样。”

日本的环境条件也在风格的演变中发挥了作用。岸久说：“在过去，没有多少酒吧有空调，而且日本非常潮湿，所以冰会融化。比如1964年皇宫酒店（Palace Hotel）为了奥运会开业的时候，没有电冰箱，只有一个冰桶。今井清（Kiyoshi Imai）是首席调酒师，是一个传奇人物。他还把琴酒放在冰桶里。在我的时代（有冰箱），我还会把制作马天尼用的琴酒放在冰箱里。从许多方面来说，是日本的环境条件造就了这种摇酒的方法。”

日本被认为是传统酒吧管理技能的宝库。这里使用的技术在世界其他地方几乎已经消失了。岸久的观点是，正如许多人认为的那样，这些不是日本的发明，而是改编。

上图：
日本调酒师教父岸久

在日本，我们试图观察事物的起源，并努力遵循它。“我们非常尊重传统，但我们也会改变，这看起来又自相矛盾了。你问我的是‘日本’的方式，但其实可能有很多影响因素：文化、气候、土地。威士忌也是如此。”

然而，在酒吧里可以看到的传统的师徒关系，或者在制定标准方面，NBA在这里承担的角色比在其他国家更重要？“事实上，我们有NBA就意味着我们有一个很大的群体，有大量的信息交流。很多东西都是这样学到的。然而，其中也暗藏陷阱。如果要求某件事必须以特定的方式来完成，就会提高基础的水平，但也会让人感到束手束脚。”

间接承认掌握传统的某些方面会扼杀创新。从个人经验来看，可能确实如此。但随着越来越多的日本调酒师出国旅行和西方调酒师访问日本，新一代调酒师对制作饮品有了更广泛的概念，同时始终保留着服务和技术的关键方面。这些并不是一成不变的。

其中最引人注目的是上野秀嗣（Hidetsugu Ueno），他曾是岸久的学生，也是银座酒吧“击掌”（High Five）的老板，该酒吧已成为大多数国际调酒师访问东京的第一站。这些天，上野在路上花的时间似乎和他在吧柜后面花的时间一样多。他传达的信息很微妙。他可能会教授“日式方法”背后的古典主义，但他是以一种有趣的自嘲方式来教授的。上野明白古典主义既是一种优势，也是一种缺陷。

在东京，上野把他从世界上最好的酒吧的朋友那里收集到的知识，或者从观察竞争对手在国际比赛中的表现中收集到的知识，运用到这些基本原则中。日本调酒师调酒时不能站着不动，需要像摇酒似的那样“流动”，就像威士忌一样。

话题转到了冰块上。岸久说，我把冰块视为一种配料。我想加入冰块，增加质感，使其成为调酒过程的一部分。“如果你用金属雪克杯（shaker）和硬冰块，用特定的方式摇一摇，你会得到细小的气泡和泡沫，这样质感就增加了。”

他走到吧台后面演示。雪克杯成为他身体的延伸，保持在眼睛的高度，流畅地移动。他用手优雅地控制着一切，以特定的握法握住雪克杯，将它移向自己，然后离开，上下颠倒，然后再回来。没有你在西方酒吧看到的“看着我，我在调酒”的感觉。他摇酒可不是装装样子。

“短暂的摇晃可以让你很好地控制冰块。摇得足够慢，可以让酒在里面流动，冰块不会碰撞在一起，不会像这样！”他拍拍自己的脸，“这与它在液体中流动时产生的稀释量有关。”他像掷骰子一样倒出了边缘光滑的冰块。“看到了吗？那种形状的冰会以不同的方式移动。”说完他笑了。

他一直在使用一个由三部分组成的小雪克杯。雪克杯的大小有影响吗？“做饭的时候，有些东西用煎锅做，有些是用不同大小的其他锅做。用什么锅取决于你在做什么。”

“波士顿雪克杯（由玻璃调酒杯和金属罐组成的高雪克杯）没有好坏对错，它就是这样的。它的容量更大，因为金属的一面有凹槽，所以冰不会胡乱移动，但会来回移动。

“用不同的摇壶无法调制出同一种饮料。西方调酒师不明白这一点。他们来这里学习技术，结果回去用的是不同的雪克杯。其实重点不在于技术，而是在于你用的工具。”

“100年来，我们一直抱着‘不是更好，而是不同’的态度，认识到这些差异需要时间。我们认真做事，做事的方式是建立在细节的基础上，但我们希望在一定的基础上做正确的事情。日式风格就是考虑细节，总想做一点改变。而在西方，这只是一个过程。”

P98—99图：
欣赏岸久的摇晃技术就像在看空手道的招式

铃木隆行

我第一次来日本时就认识了铃木隆行，主要是因为他负责公园酒店和芝公园的酒吧。他是饮品的提供者、顾问，还是好客的主人和热心的朋友。他的书《完美马天尼》（*The Perfect Martini*）是必读之作。

他也是我所知道的关于酒吧经营的深刻的思想家之一。当你和他一起坐在他的一家酒吧里时，你会发现他既是心理学家，又是治疗学家。当他还在管理酒吧的时候，他会给你倒杯酒，说一句“希望你喜欢”。你问它的成分和名字时，他会告诉你“你自己决定就好。我刚刚调的，因为我觉得符合你的心情”。你抿了一口，果然，他说对了。他会轻轻一笑，然后退后一步，几乎消失在阴影中。

对一个游客来说，日本酒吧服务员挺直脊背、双手紧握的沉默姿态是很正常的。除了Zoetrope的堀上敦、三杯马天尼（Three Martini）的山下先生、传奇酒吧击掌的上野秀嗣，很少有人能像他们那样打破第四道墙，更加投入。但即使在那时，作为客人的你也会和作为酒保的他们建立联系，这叫服务。

想象一下这个场景。我们三个人走进一家酒吧。一个人要啤酒，另一个要一杯水，我要一杯鸡尾酒。在西方，鸡尾酒很快就能调出来，啤酒也很快会有人给你倒上，而水就很容易被忘记了，要等到服务员想起来之后才会送过来。在日本，每一种饮品都将受到同样的关注，这就是酒吧服务员当下能做出的最好的饮品：合适的玻璃器皿、合适的温度、合适的呈现形式。

这是“一期一会”概念的一个例子：“一生一次，一次会面，一场相遇”，由于国际调酒师史丹·瓦吉纳（Stan Vadrna）和一甲的传播，这一概念在日本之外越来越受欢迎。调酒师只有一次机会

让你开心，让你感到舒适，给你最好的饮料。这需要恰当的专注、恰当的体察、恰当的言语、恰当的思想和恰当的行动。

我们坐在公园饭店的酒吧里，讨论这个问题。“这样一来，调酒师就不是主角了。他要问你喜欢什么样的味道、经历了什么事、状态怎么样。调酒师要确认客人的心情。饮品比调酒师本身更重要。”

话题延伸到他对威士忌的态度。“苏格兰威士忌的风味强烈浓郁，所以你可以很快认出它的特质。日本威士忌很安静——‘来吧，醒醒！’我尝的时候更喜欢拿着两个酒杯，一杯纯饮杯，一杯葡萄酒杯，在两者之间倒来倒去。这个动作帮助我找到了味道的秘密。”

所以，那种安静就是所谓的素雅吗？是的。“方法的要点就在于尊重你的对象，酒好像在说‘看我，我是主角’，冰块也是如此。”

尽管如此，西方调酒师和品饮者还是被调酒的技术和工具所吸引。就像喝威士忌一样，对桶型、年份、数量的痴迷会让你从风味这一重点上分心。为了突出冰的作用，他用冰来制作饮料。碎冰可以让你在极低的温度下喝酒，所以它非常适合制作潮湿的夏季饮料。有人会点“山崎迷雾”（Yamazaki Mist），因为玻璃杯上会起雾。

所以季节很重要吗？我们必须知道在那个“季节”的四五天里能找到什么样的食物，这意味着调酒师必须改变鸡尾酒的味道。立春适合白州；秋末适合山崎18（Yamazaki 18）——一开始会加一颗冰球，因为你还需要再冷却一下。

P100—101图：
冰球不仅仅是装饰

上图：
调酒师中的哲学家：铃木隆行

啊，冰球。这是日本调酒的象征。在每个酒吧里，你都会听到冰块碎裂的叮当声。现在可以买冰球模具，这样你就可以在家做了。

不过那不是重点。冰球不是用来表演的，它的存在是有原因的。岸久早些时候笑着对我说："如果抛瓶子就可以做出更好的饮料，我会那样做。但你没见过寿司师傅转鱼的，对吧。"

冰球可以让威士忌冷却并稍微稀释，但对于铃木来说，还有其他意义。"很久以前，在幕府时代，冰是给有权有势的人的礼物；它是由政府控制的，只有贵族才能食用冰，因此冰的形象是权力的象征，它的品质是好客的标志。"

他继续说："好的设计理念是贴近自然的。比如在幕府时期，怀石料理的概念是山，因为山会产生雪，雪化为河，河水能滋润食物，还会变成海洋，海洋给我们鱼，然后海水蒸发形成云落在山上。在幕府时期，怀石料理的摆盘有阳面和阴面，就像山一样。我的装饰也是如此。"

冰球是河堤上的石头，一直受到河水冲刷。所以冰球讲述的是时间的故事，它的形状代表着时间。无关技术，也无关设计；这是一种带有日本认同的哲学。

说完他就告别了，这位安静的调酒专家比大多数人都更关注味道。我有些头晕，就这么进了电梯，然后上床睡觉。

串酒吧

城太回家了，而武耕平和我漫步到新宿的“小便巷”（Piss Alley，我给它起了个绰号）去找吃的或者喝的。信天翁酒吧（Bar Albatross）的一楼是一个大鹅绒衬里的鞋盒，里面挂着枝形吊灯，在这里待一会儿再适合不过。楼上有更多的座位，你可以通过打开地板上的舱口点饮料。在以前的一次访问中，一个醉醺醺的物理学家摔倒了，差点掉下去，有人抓住了他的胳膊，救了他一命。“你会认为他是所有人中最了解万有引力的”，我的一个同伴说。不过，信天翁酒吧的人很多，我们穿过烤串烧烤的烟雾，来到一个充满蒸汽的面馆，吃点滑滑的乌冬面和油腻的肉汤——再配上几杯一甲威士忌高球。

“黄金街（Golden Gai）如何？”我建议道。很明显那里的食物比较有吸引力。我们漫步前行。前一分钟，你的目光被歌舞伎町的灯光弄得眼花缭乱，下一分钟，你就陷入了一个隐秘黑暗的小巷迷宫，里面挤满了各种迷你酒吧。黄金街是东京的地下世界，这种边缘之地有自己的规矩。

黄金街可没有什么很棒的威士忌酒吧。你来这里是为了聊天的，进入一个被遗忘的世界，找到那种气氛，一瓶就足够了。你还得找对酒吧，就是那天晚上适合你的那个酒吧，一期一会。

有人说，如今的黄金街只是通过提供一个美化版的老东京来迎合旅游业。一些机构可能会这么做，但一个酒吧老板曾经对我说：“我们什么都不保留，只是想怎么经营酒吧就怎么经营。除非有人邀请你来，否则你都觉得它不对外开放。”但真的是那样不是吗？她笑了。“在某种程度上，你需要一个介绍人，但来的人可能有20%会成为常客。”那么酒吧是主人个性的体现吗？“的确。来这里的客人也是志同道合的人，比如在喜好、天赋、想法等方面。”

我坐在出版商的酒吧里，或者在其他酒吧里安静地听自由爵士乐。我在其他地方看过老电影，也找到过一个你只能讨论硬汉小说的地方。不知道为什么，黄金街存在于一个永远处于更新状态的城市里。这在一定程度上要归功于这个街区无人管辖，使这个平等、放荡不羁的地方成为志同道合的外来者的避难所。“这就像是东京的一个岛，但没有变成东京，”硬汉小说酒吧的老板对我说，“我们是黄金街独立城！”

武耕平选择了晚餐地点，所以我也有了自己的酒吧选择，过程很艰难，因为有270个选项。我找不到那家硬汉小说酒吧，我知道雪莉酒酒吧很棒，但今晚不行。我们拐过街角，那里有一扇门，门上画着一幅迷幻的画。这家酒吧看着还不错，挺符合我今晚的期待。

酒吧的主人开这家酒吧已经40年了。“我过去常常在这里演出。”他边说边给我们倒饮料。我们怀疑地看着他。他给我们看了一张照片，一个人拿着吉他坐在酒吧上方的平台上，十个人（已经坐满了）引颈观看。

“往楼上看，那里现在也有座位了。”我们爬上去，上面原本已经有了一群放松的人，他们看到我们很意外。“别担心，”武耕平说，“他是个威士忌作家。”好像这么说就能解释清楚一样。“哇！我们都会买这本书的！来喝一杯吧！”

楼下，一个喝醉的奥地利人正在思考如何回家。我们又喝了一杯。我冲向地铁站，坐上到新桥的末班车。明天要去一个有些特别的酒吧，我要保持头脑清醒。

やきとり

きとり
2階席 あります

消失的酒厂

那些消失的酒厂算是一种间接的损失吧。威士忌的世界可能很残酷，会陷入经济和口味变化的旋涡。有时它可以自由发展，但不是所有的酒厂都能做到这一点。每一个制造威士忌的国家都有荒废的酒厂，那里曾经流淌过烈酒，也曾经有人劳作。日本也不例外。下面介绍的就是一些遗失的酒厂。

我们已经听说过本坊的山梨酒厂，岩井的愿景最终在那里得以实现，也听说过该公司在鹿儿岛那边短暂经营过酒厂。

福岛的白河酒厂已经不在了。第二次世界大战后由宝酒造（Takara Shuzou，苏格兰托马廷酒厂的所有者）购买，为国王调和威士忌提供麦芽威士忌。它在经历了一段时间的搁置后，于2003年关闭，这是经济衰退的另一个受害者。

谷物威士忌也受到了影响。1935年，川崎的一家酒厂开始生产工业酒精。它由酿酒商昭和酒造（后来的三乐酒造）所有，在20世纪50年代开始生产麦芽威士忌。虽然它作为一家从20世纪60年代末开业的谷物酒厂而闻名，后来也倒闭了。猜猜是什么时候倒闭的？20世纪80年代中期。伊知郎收购了最后剩下的木桶。

1961年，昭和酒造又买了一个叫海洋的酒厂（我们在Zoetrope试过他的威士忌），是大黑葡萄酒公司（Daikoku Budoshu，又名美露香）的蒸馏部门，该酒厂自19世纪末一直在山梨生产葡萄酒。1939年，大黑在日本最活跃的火山“浅间山”下的温泉镇，开了另一家酒厂。由于急于加入威士忌的市场，大黑于1946年推出了海洋品牌，并于1952年在长野县盐尻市建立了第一家酒厂。盐尻酒厂发行的酒质量很差，所以就把它关闭了。然后大黑葡萄酒公司把轻井泽（Karuizawa）这个葡萄酒酒厂变成了一个威士忌酒厂。轻井泽从1956年运营到2000年。

这些蒸馏器很小，用的是带泥煤的黄金诺言（Golden Promise）大麦，存放在雪莉桶中。轻井泽的一切都是围绕强壮和力量建立的，目的是给海洋调和威士忌以层次感和重量。直到关闭前，美露香（当时被称为昭和酒造或三乐酒造）才考虑将其作为单一麦芽威士忌发行。

2006年，该公司被麒麟收购。御殿场的轻盈优雅和轻井泽的力量感，二者似乎是天作之合。麒麟似乎要挑战三得利和一甲的两强垄断局面。结果酿酒商关闭了工厂，出售了土地，并归还了蒸馏许可证，这一决定至今依然令人费解。唯一的好消息是，剩下的300桶被英国的一番酒业

（Number One Drinks）买走了。轻井泽在一个默默无闻的酒厂里留下了半条命，至少我们现在还能品尝到它。它尝起来有泥土味，野性，有煤烟味，但也有树脂味，像穿过古老教堂和茂密森林的感觉，还有浓缩的水果和米饼味道。非常浓烈。

库存储存在秩父。伊知郎对关闭酒厂这件事了如指掌。他的家族企业东亚酒造（Toa Shuzo）自1941年以来一直在做蒸馏酒，不过酿造威士忌（金马，Golden Horse）开始于20世纪80年代初。它比当时标准的日本麦芽威士忌更醇厚饱满，在兑水威士忌的市场上很难买到。2000年，东亚酒造申请破产，并被出售给一家清酒和烧酒的生产商。这家酒厂于2004年被拆除。

值得庆幸的是，在清酒酿造商笹之川酒造（Sasanokawa Shuzo）的支持下，伊知郎成功回购了羽生的库存。随后以多种形式发行：与其他酒厂产品调和在一起，或者单独进行调和，或者成为“扑克牌系列”（Card Series）的一部分。市场已经发生了变化。

曾经不受欢迎的羽生和轻井泽风格符合人们现在的口味，但最终也只有一部分人能买得起。后者的限量发行意味着价格不断上涨，达到令人瞠目结舌的水平。威士忌现在属于投机者，而不是威士忌爱好者。

酒厂关闭时，人们出现认知失调的情况，批判能力变得迟钝，任何缺陷或缺点都会被忽略，因为威士忌很少。对于威士忌限量发行的恐惧引发了恐慌。我有幸品尝到了那300个轻井泽木桶里的酒。有一些很棒，但也有很多都是过度萃取的。这些酒没有计划以单一麦芽威士忌出品。雪莉桶是被用来平衡酒的重量感的，也用来加入单宁，因为这是调和酒必需的。还有些只是放的时间太久了。

将最好的时光里的轻井泽铭记于心便再好不过了。想想决定威士忌命运的机遇与财富之网，我们应该为轻井泽和羽生举杯。

正如俳句诗人小林一茶所写：

浅间山之烟

深入谁人之腹中

悠悠冉冉升

新生的酒厂

对日本威士忌爱好者来说，库存短缺已经够令人沮丧的了。在这次旅行中，更令人惊讶的是，尽管全球开始了新建酒厂的热潮，但在日本新的酒厂依然如此之少。不过还好现在不一样了。下面介绍一些正在发展和将要发展起来的酒厂。

最北面的一个新酒厂是位于北海道东海岸的厚岸。该公司为食品进口商坚展（Kenten）所有，目标是每年生产10万升威士忌。大部分产品将会是重泥煤的风格（麦芽威士忌来自Crisp Malting）。它遵循经典的日本方法，麦芽汁清澈，发酵时间很长，足足有四天，酒厂正在试验不同的酵母。其中一个蒸馏器有一个类似于乐加维林（Lagavulin）的普通梨形蒸馏器，有助于回流。酒厂使用了各种各样的木桶，以水楢木为主。

关于厚岸的第一个问题，我想问竹鹤的是，为什么是北海道？酿酒师柯林特·安奈斯贝瑞（Clint Anesbury）给出了类似的答案。厚岸的环境在气候、地形和海洋质量上与艾雷岛相似，更不用说丰富的泥煤资源了。事实上，泥煤是决定性因素，这就意味着酒厂打算使用泥煤了。“从长远来看，我们计划用当地森林中的大麦、泥煤和水草来生产100%的厚岸单麦芽威士忌。”

正如董事总经理中村大航（Taiko Nakamura）所解释的那样，尽管其方法与厚岸略有不同，但艾雷岛也是静冈北部山区一家新酒厂的灵感来源。“2012年，我去了艾雷岛和吉拉，旅行的最后一个酒厂是齐侯门（Kilchoman）。这个酒厂太小了，他们的技术也太过时了。正是在那里，我有了在日本建立自己的微型酒厂的想法。”

静冈每年将生产70,000～250,000升的麦芽威士忌，虽然最初所有的麦芽（有泥煤的和无泥煤的）都来自英国，但目前也在计划使用日本的大麦。像厚岸一样，发酵罐的发酵时间非常长——长达138小时。

酒厂有三个蒸馏器，其中两个来自斯佩赛的弗塞斯，另一个是轻井泽的一个旧蒸馏器。弗塞斯的一个蒸馏器是直火加热的。这个模型看起来既像云顶（Springbank）的，又像齐侯门的。中村说：“我想用各种方法尝试蒸馏。二次蒸馏，有的部分做了三次。我希望这是日本威士忌的新风格。”

九州以南很远的地方是本坊在鹿儿岛附近的津贯的新酒厂，最开始该工厂每年用英国麦芽生产108,000升无泥煤、轻泥煤和重泥煤的威士忌。公司将使用干酵母、啤酒酵母和自己的酵母菌株进行为期四天的发酵。该公司的胁春菜（Haruna Waki）说："津贯是1872年本坊酒造成立的地方。此外，鹿儿岛酿造和陈酿的威士忌可能包含一些暗示，让人想到'南部岛屿酿造了这种威士忌'。"陈放地点是在津贯和更南边的屋久岛。"我们期望我们的威士忌比在火星信州成熟得更快。因此，我们希望我们的新品酒体饱满，不要带太多木桶味。"

在写这篇文章的时候，明石新的米泽（Yonezawa）酒厂仍在使用弗塞斯壶式蒸馏器，第二个蒸馏器将在今年晚些时候到达。酒厂还使用了控制温度的发酵罐，其中用到了多种木材。

另一家酒厂重新开张了。笹之川酒造已经酿造清酒251年了，并且从1945年到1988年一直在做蒸馏酒（除了拥有Cherry樱桃威士忌品牌，该公司还帮助伊知郎购买了羽生的库存，并发行了最初的版本）。现在，它在福岛县的郡山市重新开放了安积蒸馏所（Asaka），配备了新的罐式蒸馏器。

此外，茨城县的复合酒厂木内（Kiuchi）也生产威士忌（它还生产清酒、啤酒、烧酒和葡萄酒）。它的威士忌酒厂额田由米田萨姆（Sam Yoneda）经营，前三得利调酒大师舆水精一（Seiichi Koshimizu）担任顾问。精酿啤酒和威士忌之间也许会擦出一些火花。

总部位于冈山的宫下酒造（Miyashita Shuzo）是另一家在其他酒类方面有经验的公司——如今它以手工酿酒闻名。因此，威士忌制造是一个合乎逻辑的延伸。酒厂依然在使用荷尔斯坦蒸馏器，而且还非常依赖当地的金空（Sky Golden）大麦。该酒厂多达一半的需求来自日本。目前他们每周蒸馏一次【特别感谢《2017年麦芽威士忌年鉴》（*Malt Whisky Yearbook 2017*）提供的最后两家酒厂的信息】。

此时宫下酒造进入的威士忌世界与1980年以来酒厂大量破产的时期大有不同。所有的公司都在生产单一麦芽威士忌而不是调和麦芽威士忌，所有的公司都在寻找本土产品，所有的公司都在遵循现在公认的日式威士忌蒸馏方法。

"在我看来，不仅仅在于材料，"安耐斯贝瑞说，"也许还有很多日本威士忌与众不同的地方，尤其是在制作上，是对完美的追求。日本的许多工匠经常把他们的工作视为一种艺术，哪里有工匠，哪里就有差异——细节的差异。"

最紧迫的问题不是制造威士忌，而是建立一个监管框架，不允许企业进口酒精，以及在日本装瓶，再将其作为日本威士忌出售；不允许将90%的中性酒精与麦芽酒混合，并称之为威士忌。此外还要规定在木桶中的最短熟成时间。

新酒厂的出现表明，大门已经向注重品质的新生产商打开了。不幸的是，这扇门开得太大，以至于投机者也会溜进来。现在迫切需要一个适当的监管体系。

P110—111图：
东京柏悦酒店（Park Hyatt Tokyo）的纽约酒吧（New York Bar）

CITY

知多蒸馏所

从东京到知多

是时候告别东京，向西出发了。第一站，名古屋。名古屋虽然是日本第四大城市，但在大多数人的旅游日程中并不重要。似乎没有人去名古屋观光，也可以说很少有人去那里喝威士忌。事实上，没有多少人知道有来自名古屋地区的威士忌，但如果从数量的角度考虑，那里的威士忌实际上比其他任何地方都多，而且它们来自同一家酒厂——知多。

我们乘坐新干线前往名古屋，在那里放慢了节奏。我们乘坐一辆小型的本地服务车，这辆车从名古屋出发，沿着像龙爪一样的狭长地带行驶。这里不是观光区，我们位于城市的边缘地带，周围是码头、工业区和造船厂。这样平衡一下也不错。经过一个周末的神社和精致的酒吧、浮世绘画廊、安静的公园和寿司，这样的改变也很重要。威士忌的酿造并不总是在我第一周见到的乡村僻静处，有时也与工业和城市有关，规模很大，甚至有些人会觉得丑陋。

我喜欢谷物威士忌酒厂。是的，我知道那里没有罐式蒸馏器的浪漫，看起来也不一样，但是工业建筑的规模性赋予了它独有的冷峻之美。我和武耕平站在酒厂外面，感受到了自己的渺小。“今天得用广角镜头。”他笑着说。

威士忌公司通常热衷于能够转移你视线的东西，不希望你去注意谷物威士忌酒厂的非人性化特点和设备的外观。最好让威士忌保持舒适和温暖，要用圆鼓鼓的罐子和风景，而不是柱子、管道和大规模生产。然而，如果不了解谷物和规模，你就无法把握行业的规模。

日本威士忌是建立在调和威士忌的基础上的，而调和威士忌是建立在谷物威士忌的基础上的。欢迎来到威士忌的现实世界。

P115图：
知多发酵罐的冷峻之美

知多蒸馏所

我今天的导游是前村久（Hisashi Maemura），他也是三得利威士忌的一位制造商，看起来是十足的乐天派。这么说吧，没有多少人能像他一样让一顶安全帽看起来像时尚宣言。我们直奔那些拥有巨型曲线的筒仓。当前村走向那些筒仓时，我和武耕平的步子放缓了，与它们的体型相比我们显得越来越矮小。

这家酒厂建于1972年，是一家三得利和全农（Zen-Noh）50∶50的合资企业，后者是一个由1000多家农业合作社组成的联盟，其业务包括谷物进口、动物饲料和肥料、拖拉机、和牛以及伦敦的东京餐馆。

这听起来很有商业感。随着国内威士忌市场的大幅增长，三得利需要自己的谷物威士忌供应商，而全农正在扩大其业务范围，位置也很合理。虽然知多可能不是大多数人心目中的海滨酒厂，但在现有的卸粮码头旁边建造它不无道理。玉米来自加拿大和美国，而酒厂使用的麦芽是来自芬兰的六棱品种，最适合谷物威士忌。不出所料，这家酒厂或许是日本此类企业中规模最大的。

这四个筒仓分别储存玉米和麦芽。在加工前，两者的样本都被用来检查谷物的大小、含水量和整体质量。

该设备基本上与麦芽生产原理相同。你可以把一粒谷物转化成含有可发酵糖的液体，然后发酵并蒸馏。不同的是谷物、技术和规模。

谷物酒厂里没有糖化槽。相反，我们漫步到一组六根25米长的水平管道。事实上，它只是一条像巨蟒一样盘绕的管线。前村解释说，这是熬煮和糖化发生的地方。在管道的最低层，玉米和水的混合物（由于现场没有天然水源，所以用水泵注入）被加热到70℃，然后升高到150℃，使玉米仁软化。然后，由泵将糊状液体送到一个塔中，在那里降温至100℃，再流回管道。现在，温度在60℃～65℃，注入磨碎的麦芽。大麦中的酶将玉米淀粉转化成糖，混合物进入管道的顶层，温度稳定下降到23℃，此时可以添加酵母。

我们现在位于发酵罐巨大的三角形钢腿下面，前村愉快地告诉我需要24小时才能装满。三四天后，酒汁的酒精度将达到10%～10.5%，那时就可以进行蒸馏了。

我花了几年时间才熟悉谷物酒厂，还是那句话，这和它们的规模有关。当你在麦芽酒厂的蒸馏室里时，你可以算出罐子里发生了什么。注入糖化液后，加热到煮沸，蒸汽上升，然后又变成更浓的液体。重复这个过程，但这次可以选择你想要的口味。

另一方面，谷物酒厂使用柱式蒸馏器。它们很大很高，有很多层，并且经常以复杂的方式连接在一起，令人无法跟上整个过程的进展，可以说是比盲人摸象还难。

我们可以用图表或者更好的模型进行解释，但是这些都无法体现出麦芽酒厂的物理性质。在麦芽酒厂，你的视觉和嗅觉会让你对酿酒的进展有一个概念。而在谷物酒厂，你只是被动地知道这里在进行熬煮、注入、冷却、发酵和蒸馏，因为它们发生在看不见的地方。

我去过的大多数谷物威士忌酒厂都在室内，这意味着你无法计算出柱子有多大。你会看到一个房间，里面有一大堆东西，并且有人告诉你这些只是其中的一小部分。这个步骤发生在许多层楼上，我看不到它。因为第一，这一切都发生在柱子里；第二，根据我的经验，酿酒师担心笨拙的作家接近高处会发生危险，尤其是在午饭后。

然而，知多的设备在户外，前村很乐意让我们近距离观看蒸馏的过程。我们爬上连接办公室和酒厂的走廊，上了一层又一层，来到冷凝器旁边。这些筒仓从这里看显得很小，对面传来大海和干船坞的味道，夹杂着甜麦片的味道。现在，我闻到了一股知多烈酒的味道。我和武耕平走来走去，爬上梯子，看着用多种方式连接在一起的四个冷凝器的弧形铜管。

下图：
知多的门外有一个神社

这对知多的风格很重要。请记住，日本的主要酿酒商不会交易库存。还有，记住高浓度谷物威士忌确实有自己的特质。在苏格兰，交易库存是正常的做法，这意味着调和威士忌可以在不同酒厂的谷物威士忌中进行选择。没错，这就意味着酒厂不止生产一种风格：纯净型、厚重型，还有一个介于两者之间的说法，翻译过来似乎很“卡哇伊”，叫作“美味型”。

前村说：“我们必须为各种调和威士忌制作几种不同类型的谷物威士忌，因为我们的每种调和威士忌都含有知多的谷物威士忌。到了20世纪90年代，我们作出了决定，认为质量是最重要的，于是开始研发。虽然销售额没那么高，但我们有足够的时间进行研究！我们从这一点出发开发了不同的类型，最初是轻盈型和厚重型两种。”

这意味着要最大化利用每个蒸馏柱。生产厚重型的由前两柱组成（分析柱和精馏器）；中间型使用分析柱和萃取塔，然后是精馏器；而纯净型则四种都用上，最后一柱用于去除某些特殊的味道。

本页图：
错综复杂的管道系统会让去谷物威士忌酒厂的人感到困惑

上图：
知多巨大的谷物筒仓和发酵罐

这听起来很复杂，在某种程度上也的确如此，但原理很简单。进行蒸馏的酒精原浆含有大量的风味化合物，每种化合物都有不同的沸点。在一个高的蒸馏柱中进行蒸馏，这些风味就会散发出来。每增加一个柱，风味散发就越多，因此只有最轻盈的风味才会在最后得到冷凝。简单来说，柱子越多，酒的口感越轻盈。

我旁边的精馏塔是分室的。在精馏塔内部，每个分室的蒸汽接连上升。较重的风味会回落，回流成液体，而较轻的风味会继续向上升。

三种风格的制作使调和威士忌层次感更丰富。谷物威士忌在调和威士忌中不是稀释剂，但在味道和质地方面有着积极的作用，同时也能改良不太协调的单一麦芽威士忌。拥有高质量的谷物威士忌，或者说高质量的谷物，对调和酒至关重要。

我们往回走，在展示室这种你都想不到会出现在谷物酒厂的地方，品酒。这体现了人们讨论知多的方式和知多的销售方式发生了根本性的变化。知多现在是一个品牌，也就是“那个知多”，因此，调酒师和贸易人员来到酒厂参观它的制作流程。

安全第一
所属 社長
氏名 前村久
B

P120图：
前村久：酿酒师，也是为数不多的善用安全帽的人

这表明三得利方面不再认为这里见不得人。知多可能是一个由管道和容器、塔和筒仓组成的巨大网络，但这也是作为该公司威士忌愿景的一个重要部分而被创造出来的地方——称之为创造也不为过。在这里或许无法进行小规模的实验，因此仍然需要白州的谷物，但是知多有自己的灵活形式。

在酒厂外面，其中一根柱子的一部分位于一些树木之间，就像一个外星飞船的一部分。它精致的铜绿与树叶的色调相同，柔软而坚硬，工业和自然由此联系在一起。这个“丑陋的孩子”不再隐藏在人们视线之外。相反，人们可以看到它其实是美丽的，在这里工作的人和其他威士忌制造商一样对他们的工艺有着同样的奉献精神。

品酒笔记

知多的三个新品牌可能性质相似，但有明显的差异，尤其是在质地上。轻盈型的有着柔和的玉米、葡萄和其他水果的味道，还有淡淡的花香和甜美顺滑的口感。另一方面，“中等型”玉米味道更浓郁：实际是烤玉米棒味，还有青香蕉的成分。口腔中段厚重感更强，气味中混合了菜籽油与一些甘草的甜味，喝起来油油的，浓郁黏稠，有麦芽口感。

在美国白橡木桶中存放了十年后，这款“中等型”吸收了奶油爆米花、焦糖和枫糖浆的味道。“厚重型”保持了原有的油脂感，但加入了更多的水果、熟香蕉、咖啡豆和烤胡椒的风味。

知多威士忌的一部分原酒曾用葡萄酒桶过桶，这给它的奶油香添加了微妙的干香料、李子和覆盆子的味道。令人惊讶的是，在西班牙橡木新桶中桶陈了七年后，竟然不是以木质味为主。取而代之的是一种新的奶油太妃糖和矿物质元素，以及树脂和丁香的风味。看来，知多在调和酒中的用法非常灵活。

知多（The Chita, 43% ABV）有一种肉桂、焦糖和腰果的柔和香气，底下有奶油太妃糖、细腻的椰子和澳洲坚果的风味。口感类似于香蕉、芭蕉片和干香料，质地柔软，加入水或苏打会变得更甜。

下图：
知多生产多种风格的谷物威士忌

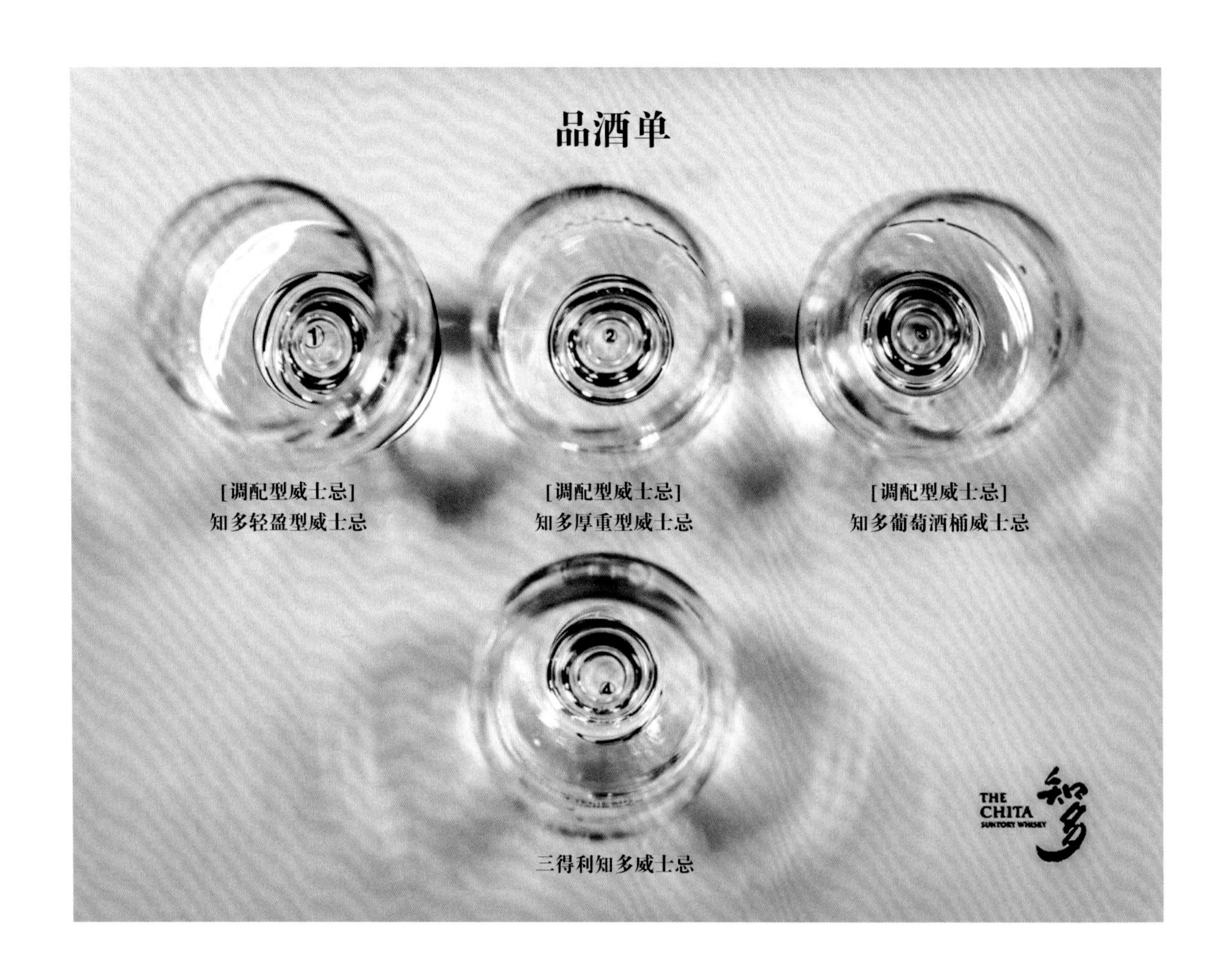

从知多到名古屋

火车摇摇晃晃地把我们带回时髦的名古屋和环绕车站的购物中心。外面有个显得格格不入的巨大的女人雕像，两腿叉开站在那里。孩子们躺在下面在看“她”的裙子，一些男人在回家的路上偷偷瞥了“她”几眼。旁边是一个独立的小酒吧，用的都是亚麻色的木头，线条干净明朗。这里的酒只有一个品牌——知多。

我们走了进去，将视线从雕像上移开。这里是日本，首先你会得到一条热毛巾，然后是一小碗蛤蜊汤，以鲜味浓郁的爽滑高汤为汤底，紧接着是一杯高球（当然是用知多威士忌做的）。这是一个平静的时刻。

我可以想象自己是一个疲惫的上班族，毛巾、肉汤和高球是我忙碌的一天中的一个标点符号，一个喘息的时刻。前村说，葡萄酒有历史和礼仪。我们喝日本威士忌也应该有：加水加冰，搭配着喝。

“蛤蜊汤很清淡，”他继续说，“这是为了凸显知多威士忌的美味和口感，它会让你的味觉变灵敏。”酒保兼厨师们忙着做其他食物。有一份简短的高球菜单，你可以选择酢橘（sudachi，一种柑橘类水果）、樱花、酸梅和山椒，或者选一份“24小时水割威士忌”。

在这个国家无穷无尽的柑橘品种中，酢橘是我最喜欢的日本柑橘类水果，所以必须尝试一下。另外“24小时的兑水威士忌”是什么？调酒师解释说就是将知多威士忌与水以1:3的比例混合，放在容器中冷藏24小时，之后再饮用。不过是简单的威士忌加水，为什么要等上一天时间，直接做一杯不更节约时间吗？他给我倒了一杯“24小时的兑水威士忌”，然后按同样的比例给我做了一杯新鲜的。二者有着天壤之别，冷藏过24小时的更醇厚，更有质感。“有股鲜味。”我说。前村点头微笑。

调酒师用不同的比喻来形容谷物威士忌，例如管弦乐队的一分子、意大利面（麦芽威士忌则是调味汁）等。不过，它也许是日式高汤这种几乎看不见任何佐料的高汤底，口感与味道并存。高汤是一种你一开始并不会察觉到的元素，但不一会儿你便开始慢慢寻找它。毕竟，高汤是一道菜成败的关键。

在西方，我们如此注重表面，如此热衷于为大胆、鲁莽、装饰华丽的事物喝彩，而忘记了在光鲜背后，是什么为它们提供了展示的平台。我们赞美吵闹喧嚣，却忘记了来自真理有趣而含蓄的低语。

前村说：“人们现在正在寻找新的威士忌，而不仅仅是麦芽威士忌。我们有新的烧酒和啤酒爱好者加入威士忌的行列中来，得给他们一杯他们会喜欢的威士忌和一份配菜。”有道理。如果他们已经习惯了更温和的口味（他说的啤酒是日本的标准淡啤酒，而不是越来越多的“纯”啤酒），那么就不能用泥煤的烟熏味吓走他们。也就是说，知多并不懦弱，知多威士忌并没有失去个性。20世纪90年代的错误不会重演。

还有一个更平淡无奇的商业原因。在麦芽威士忌库存吃紧的时候，反而会有大量的成熟谷物威士忌。如果你的酿酒厂酿造不止一种风格的威士忌，那么为什么不把它们混合在一起，生产出一种有特色的新威士忌，并大量出售呢？谷物威士忌正在赋予威士忌更广阔的定义，其中不仅仅包括知多威士忌，还有一甲的古菲麦芽威士忌和谷物威士忌以及御殿场系列威士忌，它们都作出了开创性的工作。谷物不是未来，但它是未来的一部分。

我回想起News和Q1000的时代，想想我们经历了多少岁月才开始谈论风味。不要改变威士忌，需要改变的是场合、服务和心态。

从名古屋到京都

不过，高球只是个开始。好吧，我们要赶火车，但这里是日本，总会有吃东西的时间。这里也是名古屋，名古屋有自己的特色，我马上就要尝试所有的特色小吃。名古屋的味噌里有味噌猪排（miso katsu），有黏黏的炸鸡翅（Tebasaki），有牛杂锅、烤红鲻鱼鱼子和鲑鱼肚，还有配着芥末的鸡肉和生鱼片，最重要的是还有鳗鱼。没人跟我提过名古屋的味噌。如果有人提过，我每次都会找借口来这里。这种味噌是深红色的，浓郁而强劲，会让人上瘾。日本料理是含蓄的？这里可不一样。

我在家的时候，运气好的话通常可以买到两种味噌。在这里每个县甚至每个村庄，都有自己的特色味噌。认为名古屋没有特色味噌的想法是愚蠢的，但谁又会想到它是如此美味呢？

我们朝着车站往回走。我已经说过我喜欢鳗鱼，现在正是鳗鱼的季节。也就是说我现在要溜进车站的一家餐厅里去了（在英国我不会做这种事，但是在这里的话……嗯，直接告诉我去哪吃吧）。这里的特色菜是鳗鱼三吃（unagi hitsumabushi）。先吃一点鳗鱼和米饭；再加一点调料（香辛料、咸菜之类的），然后再吃一点；最后加入热茶，搅拌一下。三种不同的味道，三种质地，三种感觉。简单得难以置信，美味得不可思议。它和很多的日本料理，甚至艺术一样，源于贫穷。如果拥有的东西很少，那么就最大化利用好现有的东西。

正如那位伟大的日本问题评论家唐纳德·里奇（Donald Richie）在《唐纳德·里奇读本》（*A Donald Richie Reader*）中所说，“日本对自然的态度是建立在贫穷的基础上的。如果没有家具，就会非常关注空间。而如果只有泥巴，就会极度关注陶器。这种基于需求的态度会带来各种有趣的事情，比如侘寂等。”

这会儿刚好有时间去便利店买些味噌。我已经开始后悔自己没有买诹访湖的荞麦面了，所以绝对不会放过这里的美味。之后我便跳上了去京都的火车。

四季、宁静、地域性、贫穷、空间、质地、外放或含蓄、素雅、味道与口感、自然的角色。威士忌制作与传统工艺是否真的互相结合，这一想法的真实性依然有待检验。接下来的几天，我们将会证明这是否只是幻想。

P125图：
一种展示菜单的新方式

神鶴 480
四天王 480
茄子の田舎煮 300
ピリ辛コンニャク 300
筑前煮 300
肉じゃが 300
きんぴら 300
出し巻卵 380
ポテサラ 380
漬け物盛合せ 480
鶏わさび 580
からすみ大根 580
鮭とば 480
ささみせんべい 380
鶏唐 480
天むす 580
どて煮 380
地鶏手羽先 160
ごぼ天 150
玉子 100
厚揚 80
しらたき 80
こんにゃく 80
ちくわ 80
大根 80
おでん
鮮魚五種盛 1580
鮮魚三種盛 980
なめたけ茶漬け 380
昆布茶漬け 380
しぐれ茶漬け 380
鮭茶漬け 380
梅茶漬け 380
三河地鶏の缶詰め丼 580
卵かけご飯 380

上图：
日本料理中，口感和风味一样重要

鲜味

我年纪比较大，还记得以前说到“umami”（意为鲜味）这个词会看到人们茫然的表情。人们会说“什么？”，然后大笑起来。现在几乎每个人都知道这个词了。一位加州酿酒师对我说，这种味道好吃到让人想大喊“妈呀！”。

1908年，化学家池田菊苗（Kikunae Ikeda）首次使用这个术语。他注意到各种食物都有类似的品质，尤其是高汤。通过分析，他发现这种品质来自氨基酸中的谷氨酸（glutamate），和/或核苷酸中的肌苷酸（inosinate）和鸟苷酸（guanylate），以及矿物质如钠和钾。当食物中出现这种品质时，就会有令人想要喊“妈呀”的口感。

昆布、芦笋、香菇、慢炖肉、西红柿以及酱油、鱼露和奶酪等发酵食品中有鲜味。池田进一步发明了味精，这里我就不详说了。

之后的研究表明舌头上有品尝鲜味的味蕾，因此鲜味是一种味道。

威士忌里有吗？从技术上来说没有，但威士忌中含有脂肪酸，尤其是未经冷凝过滤的脂肪酸，它们具有类似的圆润品质。品尝威士忌时，氛围感、威士忌的流动感、舌苔的覆盖感、口腔的充盈感等质地很重要。

这些感觉很重要，能够增加威士忌的层次感和平衡性。田中城太称他的三种谷物威士忌为“三种鲜味肉汤”。谷物威士忌被称为高汤的说法与此有关。在日本，质地在食物和饮品中起着至关重要的作用。

这是我一直在寻找的东西，但现在我已经沉迷其中了，这都怪武耕平。一盘接一盘，一碗接一碗，他增进了我的知识，改变了我品尝的方式。正如唐纳德·里奇在《日本之味》（*A Taste of Japan*，1993年）中所写：“质地应该是相反和互补的：硬与软，酥脆与干爽，弹性与滑溜。”如果你从小就这样看待日本的食物，那么对威士忌制造商来说，它就是一种重要元素，这是合乎逻辑的想法。他们不仅考虑它的气味和味道，还考虑它的口感。

SINCE 1923

山崎蒸馏所

京都

在京都车站的格兰比亚酒店（Granvia Hotel），我早早地醒了过来。脑子里满是名古屋的味噌、谷物威士忌的可能性、下一次会在哪里吃鳗鱼。我去找武耕平会合，（又一次）错过了早餐，这可能就是为什么我今天早上最想吃味噌和鳗鱼。

我们晚点会去山崎。我们先是走在京都的一条长长的走廊上，光线透过巨大的布满纹理和图案的纸面扩散开来。这里一半是画廊，一半是工作室。我们坐在那里，巨大的和纸（2.7米×2.1米）像画布一样被拉出，每一张都比上一张更引人注目：根据光线照射的不同角度呈现不同纹理和颜色的镀银纸；还有一张纸的一面呈现出雨滴，从后面照亮时会变成一个五彩缤纷的瀑布；其他和纸上还会有小孔。星座、急流、能量场以及季节的更替，还有抽象的现实。这些都是堀木绘里子（Eriko Horiki）的作品。

和纸是由桑木浆和水制成的，在抄纸板上成形，然后将桑皮、丝或棉线放在表面而形成图案。染色纤维的碎片倾倒到抄纸板上后形成漩涡状的色彩分布，上面的孔出自堀木绘里子之手，她将水溅到成形纸的表面上形成小孔。

一件作品可能需要五个月的时间才能完成，由3～7层组成。有些有图案，有些是彩色的，每层厚度不到1毫米。叠加后的效果令人眼花缭乱、瞠目结舌。武耕平和我四目相对，咧嘴笑着，摇着头说，“这怎么可能？”

下图：
纸和砾石中蕴含的平静和活力

上图：
旅行：京都

和纸

纸很重要。它代表着从口头文化到书面文化的转变，可以记录传递信息，还能被包裹、折叠和封装。直到最近，和纸才开始被认为是一种艺术品媒介。话说回来，没人告诉过堀木绘里子这件事。她的作品现在被挂在豪华酒店和高档商场。其中一件大型作品是在首相官邸，另一件是在教堂。三得利顶级威士忌的标签使用她的纸张，尽管使用范围较小。

她穿着优雅的黑白相间的衣服，安静但不冷漠，每一句话都伴随着微笑或欢笑。

也许她的作品是经过多年训练、就读艺术学校之后的成果，也许是造纸工艺家庭背景的结晶，但我想错了。她笑着说："我没有受过艺术训练。我在一家银行工作，然后在一家纸厂的会计部门工作。一天，我的同事们要去福井县今立镇的一个和纸工作室，所以我也去了。

"还记得那是冬天，非常冷。工厂里面也是天寒地冻的感觉，所有的工匠都不停地把他们的手放在冰冷的水里，但是即使在这种情况下，他们也对自己的手艺充满热情。他们的手都冻得发紫了！

"令我感到惊讶的不仅是和纸文化在这里存在了这么长时间，而且当他们告诉我一些较小的传统工厂正在关闭，机械化工厂正在取而代之时，我是如此难过，想设法去拯救这种文化。"

堀木绘里子当时24岁。从那种利他主义的冲动到现在这样，这是一个重大的飞跃。

"我没有接受过训练，但我有远见，"她停顿了一下，"我开始研究日本工艺以及人们为什么制造和如何制造的。我发现这种哲学存在于我们的基因中。人类生来有创造的头脑，不是学来的；那种创造性就在我们的心中，而这就是文化产生的原因。"

和纸作坊面临的主要问题不仅是机制纸更便宜，而且其旧用途也正在消失。和纸最初是为艺术家生产的，最近它主要用于包装礼物。礼物越好，使用的纸质量越好、越纯。为了拯救作坊，她不得不为和纸找到新的用途。

堀木绘里子开始委托和纸作坊制作她作品中使用的大张和纸。今天，她的京都工作室已经能制作更大尺寸的和纸。

上图：
自学成才的堀木绘里子挖掘了和纸的可能性

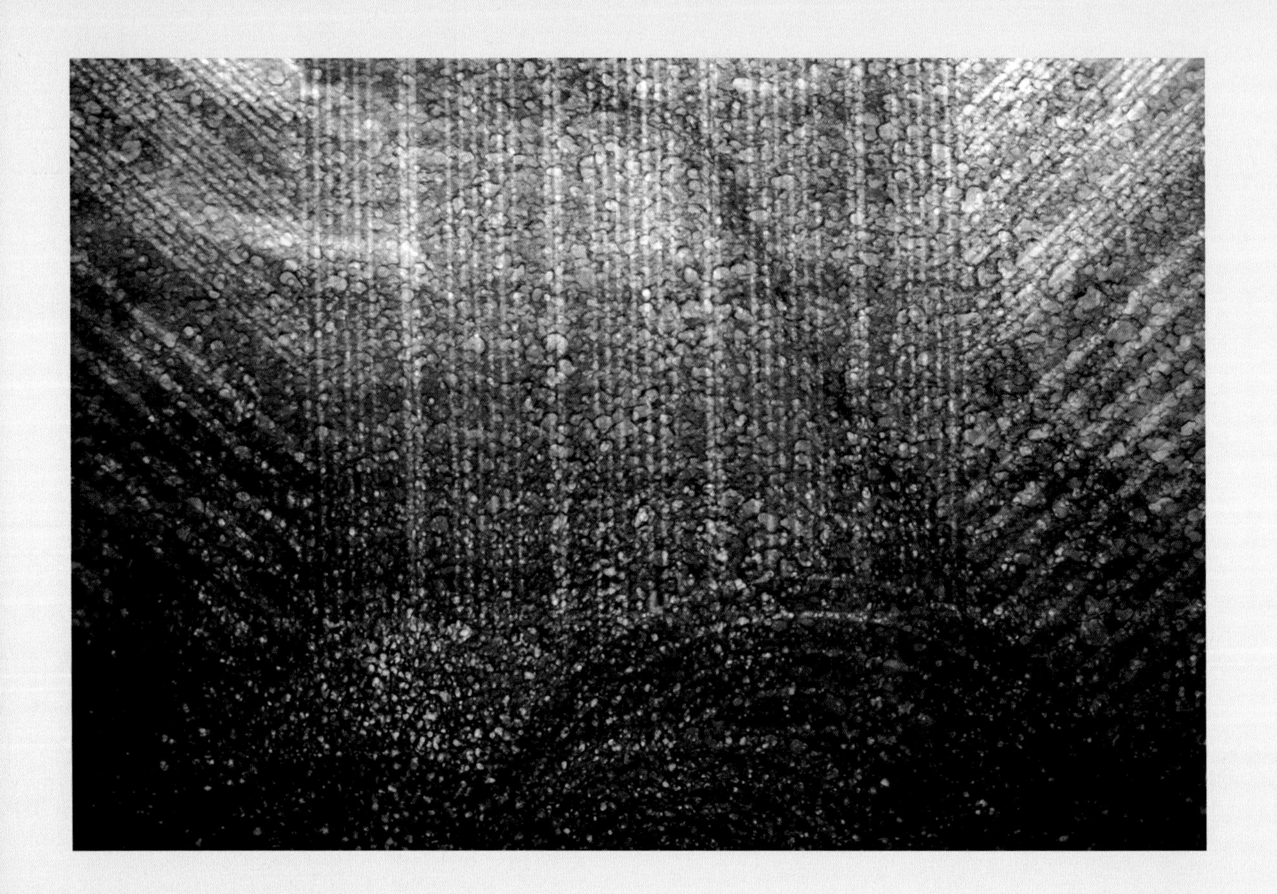

所以她通过推动传统向前发展而将其保留了下来？

她点点头。“在日本的学校里，我们被告知传统和创新存在于相反的世界，但手工艺之所以能存活1500年，是因为它们具有创新性。没有创新，一切都不会长久。”

换句话说，传承只是对过去的创新，而创新只是未来的传承？

她又点点头，继续说道：“如果我接受过工艺教育，就不会做我现在做的这些事情。我提出这些灵活的想法是因为我没有接受过工艺培训，也不知道有什么限制。”

也许只有局外人才能看清该如何推动手工艺发展来拯救它。在我和堀木绘里子聊天的整个过程中出现了一些词语，它们也曾出现在我和威士忌制造商的对话中。微妙、工艺、传统、细枝末节，对不断的发展和改进的需求。这些是共同的信仰。

堀木绘里子在开始实现她的愿景前，必须在更深的层面上理解纸张。“它有精神层次上的一面，”堀木绘里子解释道，“在日语中，纸读作kami，kami也是我们对神的称呼。我们认为我们和神之间有某种联系，所以制作白纸有助于我们净化心灵，并将我们与神联系起来。这就是为什么我们用纯白纸包装礼物。我相信和纸是纯洁而稳定的，我想表达这种微妙力量的平衡。”

但是她还是会给和纸上色，还在上面打孔！

她笑了：“工匠们确实试图阻止过我，但每一件作品都有许多层，每一层里都会有一张纯白的纸张。”

我想到了那张上面有孔的纸，现在看起来有一种亵渎的感觉，我还想到了纸的脆弱而不是它的力量。

“他们看到纸上的孔时觉得我疯了。他们认为这样做破坏了纸张。一开始，我想做一张完美的纸，但当我把东西掉在上面时，它就这样毁了。然后我

想：为什么不做成到处都是孔的样子呢？纸张不再是被毁掉了，它已经变成了艺术。”

成品具有催眠效果，光线的不同会改变纸张的颜色、图案，有时甚至会改变形状。它们使心灵平静，飘动着展示出材质的结实，也展示出脆弱的一面。我认为，这些孔代表了无常、纯洁的不可能性以及由此获得的美。“缺陷”让它变得完美。

每一件作品都包含了一种能量，一种意义，一种精神。它是一段叙述，或是一个故事。“如果一个客户想要一件艺术品，我会思考超越这个公司本身的东西，它的精神是什么，因为纸本身就有一种精神。”

堀木绘里子是否能感觉到和纸和其他手工艺品之间共同的哲学？

“对我来说，工艺就是理解这二者之间的内在矛盾——传统以及做出适合当下的东西。这也是关于尊重自然和生命，创造对某人来说有价值的东西。”

她必须妥协吗？

“开始的时候，我想自己掌控一切，但是如果你想做一些‘完美’的东西，那就得用机器来做。和纸里蕴藏着我的感觉，但并非一切都能由我掌控。制作这些作品关乎设计和技巧，但也关乎机遇。成品很大程度上取决于温度和湿度。”

“当我们制作彩色图案时，每个人都同时倒入一桶染色纤维，但每个人都有自己倾倒的时机或力度，因此最终的成品和初衷的契合度只有70%。泼洒是设计，但也有自然选择的因素——水落在哪里、弹得有多用力。最终结果关乎是否愿意接受机遇，并允许计划随着自然对过程的影响而改变。”

她再次微笑，微微点头。她很忙，而我们也还要去一家酿酒厂。

P134—135图：
堀木绘里子的非凡创作

从京都到山崎

当我们避开京都中心学校的孩子们、商人、游客和僧侣们平日来来往往的拥堵时，堀木临别时说的话不断在我脑海中闪过。如果创新只是未来的传承，那么也许是机遇推动了创新，而机遇迫使制造商随机应变，向自然的力量敞开心扉。任何一门艺术，任何一个人，不管表面上多么死板和被动，都必须愿意接受机遇和改变。

我们在当地搭上了开往大阪的区间快速列车，并在山崎下车。像往常一样，在这里下车的不过寥寥几人。我在通往山崎的路上走过很多次。在日本的第一天，我走出车站，因为时差而头晕目眩，感觉身体已经超负荷了，手里还拿着威士忌作家迈克尔·杰克逊的一大包书。每次回来，我都仿佛能看到那个走着同样的路线的年轻的自己。曾经的我如鬼魂一般等待着如今的我与他们短暂的相遇。对于之前提出的酒厂相关的问题我感到愚蠢而诧异，但我又不愿面对自己的变化，因为此时的我已白发见多，胡须见长。在夏天的酷热中，我被蝉震耳欲聋的鸣叫声追踪着；在温柔的秋天、在寒冷的冬天、在充满期盼的春天的生机中，每个季节我都在这里走过。虽然都是相同的道路，但感受都各不相同，每次都是新的体验。

只是在参观了几次之后，有人指着车站旁边一栋朴素的旧木楼随口说道："你知道那是'千利休第一茶馆'吗？"他从未远离过那里，而且离我们的生活越来越近。

登上山顶，向左拐，然后向右拐，就会看到显示京都和大阪边界的旧柱子；除此之外，还有一个古老的客栈，他们家的面条是极品。这条老路有很多故事。

第一天的时候我什么都不知道，甚至不知道酒厂是什么样的。我觉得我可能在想一些令人印象深刻但又不太重要的事情，但是就在神社旁边的道路变直的时候，山崎的棕色砖块占据了我的视野。在灰色瓷砖房子和守护者狸猫之间，沿着狭窄笔直的那条道路，在汽车和踏板车无法涉足的地方，那身影继续高耸上升：庞大、坚固，愈发清晰。

那是我最常去的日本酒厂。我意识到这一次，我的脑子里充满了更多的理论，从我最年长和最亲爱的老师——三得利的首席调酒师福与伸二身上，学习检验那些疯狂的新想法。

我们聊过酿酒过程以及调和，我们研究语言，谈论创新，在每次访问结束时，都会有新的发现展现出来——我认为，并不是因为我们没有任何保留，而是因为我的知识得到了深化。

只有重新访问同一个地方，无论是通过身体上的感受还是通过品尝，那些问题才会逐渐明朗。对我来说，这是另一个起点：第一天，第一个酒厂，第一次见到水楢木，第一次使用"透明"这个词，这种新鲜感从未消失。

一些酿酒厂令人欣慰。当你再次深入熟悉的世界时，你会发现那里充满了嘎吱声、怪癖和气味，但它们总能提供一些不同的新东西。不过，山崎正在不断更新自己，它似乎存在于一个连续的永不停歇的当下。

P137图：

山崎树林中的静谧

山崎

山崎始于水源，然后是宗教。

酒厂不只是一个生产场所。它们都有自己的背景故事，也都受到了历史的影响。即使是知多这样最工业化的工厂，当你了解它时，也会看到它人性化的一面。山崎是个有深度的城市，威士忌制作仅仅是这片土地上最年轻的历史。人们在这里祈祷和泡茶，他们有想法，富有哲理性，他们有梦想并在这些梦想之上生生不息。山崎是所有日本威士忌的起点和枢纽。

当你站在旧路尽头的平交道口，怀着些许惶恐等待栏杆升起时，所有这一切都静悄悄地隐藏在这片土地里。走过这里要穿过七条路，在我看来时间总是不够。

如果说白州是在一片树林里的话，那么山崎就是身处一个植物园中。这里的每棵树似乎都被贴上了标签。只有后面陡峭的山坡上遍布的那些竹子和扁柏保留了一些野性的感觉。

伸二在行政大楼外面和我们见面。他曾在苏格兰担任三得利的代表，管理三得利在日本的酒厂，之后回到调和团队，在2011年接替了舆水的位置。

我们站在两个雕像旁边，一个是三得利的创始人鸟井信治郎（Shinjiro Torii，1879—1962年），另一个是他的儿子佐治敬三（Keizo Saji），他创造了特级威士忌这一类别。旁边是1923年安装的一对原装罐式蒸馏器。虽然现在已经废弃了，但这里的蒸馏器再次采用了同样的外形。

但为什么要建在这里？鸟井的根据地是在大阪；他知道威士忌的未来市场会在主要城市，东京、大阪、京都、名古屋等，所以首先是出于经济方面的考量，但绝对不止于此。那里有水源，宇治川、桂川和木津川在那附近汇合，对于鸟井来说这促成了更有利于成熟的薄雾湿度。附近是“利休之水”，被誉为日本百大名泉之一（源头处盖了一个神社）。

市场和水源，除此之外还有更多原因。我们没有朝着酿酒厂走，反而远离酿酒厂，向一个巨大的红色鸟居门走去，通过一条陡峭的路，前往一片神社群。

上图：
山崎规模惊人，是日本第一家专为生产威士忌而建造的酒厂

伸二解释说，这个地区最初是一个巨大的佛教寺庙建筑群，一直延伸到现在的铁路所在地。这座寺庙建于764年，在山崎之战后扩建，当时丰臣秀吉派人去请千利休举行茶道。就在那时，千利休开始把喝茶的过程精炼成一种谦卑和平等的体验，把注意力集中在细枝末节上——工艺和细节。很明显，我们能看到同样的推动力在起作用。

日本西化后，佛教转向神道教，许多古老的寺庙变成了神社。这里的树林间就有四座神社。伸二告诉我，信治郎相信这些神。

所以这不是酿酒厂，而是一个受神灵眷顾的地方，一个神圣的地方。鸟井既是化学家，又是牙膏制造商（他作为化学家之前的工作）、洋酒生产者，他也深深地依恋着地域与精神的共鸣。

上图：
山崎有两个糖化槽

鸟井的威士忌之旅始于他开始迷上陈年的酒，不管是葡萄酒［他的第一个产品叫赤玉波特（Akadama port）］还是威士忌。伸二继续说，与此同时在他创办山崎时，日本出现了西方化。但到了20世纪20年代，日本进入了经济衰退时期，所有威士忌生产的利润都流入了苏格兰和美国酿酒商的口袋。他想把威士忌留在日本。

竹鹤政孝在鸟井身边担任酿酒厂经理以及蒸馏师，于是鸟井就这样开始工作了。1924年，第一批酒开始生产。1928年，他们推出了日本第一款调和威士忌，白札（Shirofuda）。受苏格兰威士忌的启发，白札不仅有烟熏味，而且烟熏味非常重，很像硬核苏格兰威士忌，对日本消费者没有吸引力。然而，白札的不成功对于创造一种突出的日本风格至关重要。失败使鸟井的关注范围更加集中聚焦和细化，也使老板和蒸馏师分道扬镳。现在有两种思潮。

如果你想纪念日本威士忌（而不是日本做的威士忌）开始的时刻，这个时刻并非20世纪20年代的实验，而是20世纪30年代出现的品牌，尤其是三得利1937年推出的新调和威士忌角瓶（Kakubin）。

日本人不习惯欧洲风味。伸二解释说，红酒太苦，威士忌烟熏味太重，但同时有人想吃得更好、喝得更好，所以（鸟井）必须达到质量要求。事情真的就这么简单吗？鸟井意识到，如果日本威士忌要成功，它必须吸引大众。而这正是他的天赋。

风格上的转变——远离烟熏味，转向更清淡的风格——这也是日本威士忌制造商愿意改变产品和技术以适应消费者情感的第一个证据，这种做法今天仍在继续。

首先，有两种不同大小的糖化槽，都是全发酵的。较小的（可容纳18吨，取决于所生产的威士忌的风格）安装于1989年，当时为了生产不同风格的单一麦芽威士忌，酒厂进行了彻头彻尾的改造。

这一切的改变发生在1989年。这一年见证了分类体系的终结、苏格兰威士忌的兴起；以及在发行白札的时代里，对日本威士忌的重新审视。山崎是五年前作为单一麦芽威士忌推出的，这意味着要在一个酿酒厂内再建造一个酿酒厂，一个有更小的糖化槽、木制发酵桶和专用（更小）蒸馏器的酿酒厂。

风格变了。较小的蒸馏器产生了一种更饱满、更浓郁、更东方的风格。2005年进行进一步扩展，这一风格的特点更加鲜明。

一般来说，所用的麦芽不是无泥煤就是重泥煤的，但这两种麦芽也可以混合使用。所用的麦芽品种主要是来自英国的现代品种，但也使用了一些较老的金色诺言品种。

下图：
木制发酵桶用于调味

上图：
山崎有一系列形状不同的蒸馏器，扩大了它的口味范围

麦芽汁终究是清澈的。酒厂经理富士解释说："碾磨率非常重要，所以我们追求更大的谷壳率，以便得到一个好的滤层。之后我们只需取滤层的顶部进行过滤，然后慢慢地实现糖化循环。"

谷壳多了不就意味着每吨大麦的酒精产量少了吗？伸二咧嘴一笑："要么是得到清澈麦汁这个特性，要么就是更高的产量。我们要生产更好的威士忌，即使这意味着成本更高、效率更低。如果能提升质量，我们就会这么做，因为最终质量会带来利润。"

发酵桶现在都是木制的，因为向水果特性的转变意味着发酵时间更长、对活性乳酸杆菌的需求更多。富士说："一般来说，我们会用三天的时间来发酵，使用两种酵母，啤酒酵母是总会用到的。研究表明酒曲转化成糖的速度很快，但啤酒酵母增加了复杂性。"

我们在蒸馏室外面。我记得，迈克尔·杰克逊就像往常一样，用约克郡的口音低声说："你在别处可不会看到这样的场景。"

他说得对。和白州一样，山崎也收集了不同形状和大小的蒸馏器。主蒸馏室中有六对，其中两对安装于1989年。两个初馏器仍然有虫桶，另外两对是2005年在扩建建筑时安装的。初馏器的形状和其中一个再蒸馏器是仿照1923年的原版制作的。

上图：
山崎阴森森的仓库

所有初馏器都是直火加热的。伸二解释说：“根据研究，我们认为直接燃烧会产生层次感更丰富、更浓郁的香气，这种特征是在初馏器中形成的。再馏器就未必。这也是为什么初馏器上要放虫桶（也会增加重量）。”

正是这种蒸馏器下形成的酒体让新山崎变得与众不同。在蒸馏过程中，还包括对初馏器有意地进行“雾化”。在这种情况下，蒸馏器的微粒物质的薄雾会升至常规高度之上，从而有助于增加重量。

反过来，每次蒸馏后也要清洗蒸馏器，让铜恢复活力，延长使用的时间。富士说：“我们进行八种不同的蒸馏。然后你可以选择使用不同的泥煤含量、大麦品种，有时还可以选择不同的酵母……”说到这儿你就明白了，这里制造了许多酒。例如，第五对蒸馏器做出的威士忌口味开阔，但微妙地混合了一些成熟的油性红色水果和山崎标志性的菠萝。另一方面，第二对蒸馏器做出来的酒则给人以更清淡的水果、更辛辣的味道、甜瓜味等更甜美的口味。最新的蒸馏器（仿照最老的）做出来的酒口味芳香、带有果味和酯味，但酒体适中。

P147图：
水和酒一起在山崎流动

这个复杂的系统随后延续到了仓库中。尺寸很大，也很长，酒桶只有四层高，复制了苏格兰熟成酒窖典型的传统“铺地式”风格。我沉浸在橡木和烈酒的香气中，在黄昏的光线下凝视着每个桶上的微光，吹走一些桶上的蜘蛛网，手指在一些桶的末端摸着“JO”的字样，这表示水楢桶，或者标在雪莉桶上的KTB（Kotobukiya，寿屋）。远处，一盏绿色和金色的小长方形灯引着我们向前走去。

我们正在穿越各类木桶组成的森林：全新的和二次装填的美国橡木桶、全新的波本桶、二次装填的猪头桶、新美国橡木邦穹桶、全新的和二次装填的水楢桶、欧洲橡木雪莉桶和波尔多红酒桶。有了这些木桶，实现多种风味的可能性现在进一步倍增。

三得利不仅与东京大学合作建造自己的酒桶，伸二和他的团队每年也会参观一些雪莉酒酒庄和制桶厂，以监控他们定制桶的生产。红酒桶来自波尔多，那里的拉格朗日酒庄（Château Lagrange）属于三得利。

我们来到阳光下，旁边是一个被槭树环绕的小水池，一个小瀑布缓缓流淌。你可以看到水池的底部，树木似乎漂浮在这个颠倒的世界上。

吃完面，我们来到调和实验室。能进入这个巨大的空间是一种特权，它的桌子上摆满了样品瓶——用于调和威士忌、麦芽威士忌和实验品。旁边的房间里有一个巨大的全球威士忌图书馆，这样团队就可以随时了解其他地方的发展和风格转变。

是时候品尝了。我们从2003年装在三个不同桶中的同一种蒸馏液开始。邦穹桶里的酒给人一种放松、温和的感觉，略带甜味，还具有带有水果和榻榻米味道的特殊风格；而猪头桶里的酒在成熟度更高的烤菠萝、香蕉和胡椒的风味上还增添了香草味；波本桶里的酒有最丰富的萃取物，带来蜂蜜、多汁的水果、牛奶巧克力和淡淡的椰子味，还有更清新的层次感和更明显的酸味。

随着越来越多的样品出现，可供选择的品种也越来越多：1989年产自西班牙橡木桶的不透明的树脂状单宁，展现出甘草、咖啡和胡椒的香味；1992年的美国橡木，有成熟的鲜味和轻微的柠檬味，还有一些大黄、姜和经典的山崎鲜果的味道。样品还在源源不断地出现：香草、山椒、熏香、温泉、烟叶、干果皮、酸李子，这些水果味、菠萝味、淡淡的酸味，全都可以被视为山崎的象征。

所有这些都可以混合在一起，或者说是单一麦芽威士忌系列，每一种表达都是山崎多种风格的不同混合。例如，蒸馏师特选无酒龄标示（The Distiller’s Select NAS）是由12年或18年的不同酒调和而成。它们都是山崎，但都不一样。

在讨论所有的研究话题时，位置显然仍是一个关键的要素。伸二解释说：“这里的夏天太热了，我们需要更大的木桶来熟化，所以首先应该关注酒，而不是木头。在这里和近江（三得利的主要仓库，靠近神户），

P148图：

温和的男人：酒厂经理富士（上）和三得利首席调酒师福与伸二（下）

你还可以得到更多的萃取物，而在白州，同样的威士忌在同样的桶里会得到完全不同的结果。此外，山崎多雾的气候意味着这里的湿度更高，而且它的仓库没有这么高的屋顶，所以它与众不同。”

万事皆非偶然，但关于所有的科学研究和秘密（我不能透露），都有一种非常人性的情感在起作用。没有什么能离开富有技术性的威士忌制造。威士忌制作是艺术和知识的结合，不过艺术是主导因素。

伸二曾告诉我：“我们是工匠。艺术家的目标是创造新的东西，他们是创造者。我们工匠负责实现他们的创造，但也要维持我们产品的质量。我们要遵守承诺。”

我能理解是什么造就了山崎，但造就日本威士忌的也是同样的事物吗？伸二开始回答这个问题，就像这次旅行中许多人的回答一样，落脚点不是威士忌，而是食物。“在纽约，意大利食品由意大利人制作；在英国，印度食品由印度人制作；在日本，你会吃到日本人做的意大利菜——看看我们的咖喱有多么与众不同！我们的文化与众不同，我们创造自己的东西。这往往是最微妙的事情。此外，作为一种文化，我们追求尝试一切可能性，努力让事物变得越来越好，但我承认有时并不能如愿以偿。”

是时候尝试总结出一个理论了。这是威士忌之道吗？

“是的，但是，不仅是‘道’，而且是‘艺术’，这意味着要考虑许多因素。我们关心新鲜度，以及事物本身的味道。这就是我们在怀石料理、寿司和调酒中注重高质量的材料和季节的原因。我们的关注点是一致的。威士忌并不单纯在于液体的品质，这是哲学问题。”

这有助于创造这种“透明度”？

“我们非常擅长精确的工作。关于威士忌制作，我们的关注重点就在于这些精确的要点上，所以我们想提取非常清澈的麦芽汁，想从发酵中获得清冽的味道。我们想制造一种纯净的威士忌，有复杂的香气，但没有‘杂质’。它很微妙。”

“在我看来，日本造就了一种微妙而复杂的精神：柔软而干净，由软水和深度熟成制成，在比苏格兰更冷的温度下提取更多的精华。”

那山崎是什么？与其说是一个实验室，不如说是一个充满艺术和哲学可能性的鲜活网络，它活在永恒的当下。

本页图：
山崎制造了多种风格

品酒笔记

像白州一样，山崎在其提炼方法中提供了一系列同样鼓舞人心，或者说令人困惑的可能性。尝试了一些不同类型的橡木后，威士忌制造商们有了一些新的选择。

2003年的新橡木邦穹桶陈酿的酒很香，带有奶油冻、榻榻米和新鲜水果的味道。而在美国橡木猪头桶陈酿的同一年份的样品则带有香草味，还有酒厂的招牌菠萝味。口感带出核果味；同一年份的波本桶口感更清爽，有更多的牛奶巧克力和椰子味，但口感更酸。

雪莉桶中的酒经搅拌后有更深的风味和更多的层次感。1989年的木桶酒散发着咖啡豆、干荆豆花、黑胡椒和树脂的香味，以及令人满意的紧致感和涩味，而1994年的木桶酒则展现出了菊苣、糖蜜和香脂成分。水楢木是山崎酒简介中的一个重要元素，1984年的一个木桶在令人陶醉的异国情调方面堪称典范，有着所有的老房子和寺庙、熏香、鼻烟、多香果、长胡椒和核果的味道。神奇的是，最大的惊喜来自一个23年酒龄的重泥煤蒸馏液样品，来自一个再填橡木桶。品这杯酒时烟熏味消失了，让人置身于令人头晕目眩的热带水果旋涡（杧果、番石榴、木瓜）之中，还带有一股蜡味。

在瓶装产品中，相对较新的**山崎蒸馏师秘藏**（43% ABV）具有典型的炖浆果、水果沙拉和一丝烟熏的浓郁香味。口感柔和，重量级元素只在最后显现。这种芳香和深度的混合源于**12年款**（43% ABV），它也有一种类似干榻榻米的香气，菠萝味和一股多汁的力量聚集在舌头的中心。

18年款（ABV 43%）似乎使用了更重的成分，雪莉桶和水楢木桶。在它芬芳的深处有一些熏香、葡萄干和罗望子味。比较罕见的**25年款**（43% ABV）延续了雪莉桶带来的口感，但增加了更多的无花果、枣、香脂以及大豆的味道，有一种浓稠的、略带苦味的层次感。威士忌痴迷者可能会试图寻找**山崎雪莉桶**（48% ABV），其中最新的版本是在2016年。令人惊讶的是，它在最后会有一种玫瑰花瓣、草莓和菠萝，搭配了烤茶、香木和新黄油的味道。

大阪

我们都回到了位于大阪的三得利时髦的新酒吧餐厅，那里有一家商店出售用旧桶板制成的高端家具。在餐厅里，吃午饭的女士与年轻的时尚人士和商人混在一起，大家都在喝着高球、威士忌鸡尾酒或瓶装酒。一切确实在发生变化。鸟井曾经的愿景似乎实现了。威士忌作为一种饮料，被接受和享用，不论搭配食还是单独饮用，它跨越世代，不受年龄、性别或收入的限制。

一切并非轻而易举。我们又来到一个地下室，87岁的和田幸治（Koji Wada）是三得利酒吧“樽”（Taru）的所有者和经营人，他已经坚持了55年。他的职业生涯始于在京都街头推着一个顶上装有一吨水箱的移动酒吧。他会找一个摊位，沿着道路两边移动，钻进摊位里售卖饮料。他也是在20世纪50年代培养新一代日本调酒师的人。

谁教他的？“我自学的。”他笑了。和田幸治记得威士忌过去的好时光。“在那些（早期）日子里，每个人都喝威士忌。有一些是兑水的，但都是日本的：角瓶、托力斯、一甲。”苏格兰威士忌要贵三倍。接下来是萧条时期，但他还是一杯一杯倒着迷人的老式饮料。他有一整本书专门讲述受莎士比亚戏剧人物启发的饮料。

他漫不经心地说：“20世纪50年代的一个新年，我受邀去过一次鸟井的家。”

他家的房子是什么样的？

“很现代，有壁炉。这在20世纪50年代并不常见。”

那鸟井呢？“他是一个非常冷静的人。有一次他进来的时候给了我这幅书法。”

武耕平和我回到格兰比亚酒店时要消化很多事情。堀木、山崎，关于含蓄、创新、季节、工艺、机遇、创新和质量，然后是那个推动日本调酒业继续发展的人，他咧着大嘴，仍然在那里，仍然在传授着智慧。

第二天便会柳暗花明。

左下图：

和田幸治，资深酒吧老板

工艺

堀木绘里子关于传统几乎消亡及其以新的形式重生的说法启发了我对威士忌的看法，尤其是相信现在活跃的传统植根于过去的创新。活着意味着做同样的事情。若未能认识到这一点，还想将事情向前推进，你就会被边缘化。正如莱昂纳德·科恩（Leonard Cohen）所说，创新是“一切事物中的裂缝。有裂缝，光线才能进来”。

这一理论将在今天得到检验，因为另一种传统工艺也将它秉持了下去——泡茶。虽然咖啡在日本似乎无处不在，但如果没有人将一碗茶轻轻地放在你面前，任何会议都不算正式开始。

你无法逃避泡茶，但你可以逃避茶道，用唐纳德·里奇的话说，茶道像许多传统一样已经成为“文化化石”。传统成为一种顽疾而不是展现生命力的时候到了；它变得僵化，不能变通，受到规章制度的限制。

对于一个茶迷，这将是完美的一天。我会坐下来学习种茶和泡茶。至少我不用遵循茶道的指示。几年前，有人给我简单介绍了一些（嗯，其实就一个）必需的技能，即将一些抹茶搅拌成浓稠的绿色液体，这个步骤看似很简单，其颜色和浓度相当于亨宝（Humbrol）的208号标志绿漆（Signal Green）。

我从我的祖母那里学会了搅拌，虽然她个子很小，却身体里却产生了非凡的能量，而且是一个茶道高手。然而，在我的记忆里，她拿茶筅的方式并非用拇指对着你，前两个手指在后面，拱起的手就像一只鸟把它的喙浸入水中。她也不会在碗中搅拌的同时写一个字母M，弄破浮起的泡泡。

就连拿起勺子倒水的方式都是那么不自然，需要我格外专注。在专业人士的手中，这看起来自然而优雅，但你注意到这一事实的唯一原因是这些简单的任务已经变得刻意而困难。茶道打开了通往日常生活的大门。我想这就是重点。

上图：
手艺是重复的，也是变化的

茶

虽然茶树最早是在9世纪被带到日本的，但直到1191年荣西禅师（Eisai，日本临济宗创始人）从中国回来后，茶树的种植才开始正常进行。荣西禅师种下种子的地方之一就是京都以南17千米的宇治。虽然我们的茶道学校是家族式经营的福寿园宇治茶工坊（Fukujuen Ujicha Kobo），看起来并没有那么老，但它从1790年就开始运作了。

我们穿过chi-chi（或是cha-cha）商店，上楼来到一个功能性空间。在一个房间里，一群游客（看起来是一个办公室部门的一日游）正在把茶叶磨成粉末。这样做没什么问题，但请不要搅拌。

“请过来，”年轻的导游山下新贵（Shinki Yamashita）说，“我们在这里工作。”房间里充满了茶叶的味道，新鲜又明亮，让我好像一下子回到了白州蒸馏所一样。等等，“工作？”这里没有石磨，只有好多个桌子。

不搅拌，也不研磨；我们正在学习手揉（Temomi）技术。现在日本几乎所有的茶都是机械加工的。这种亲自动手的方法是最古老的传统，很少出现。这又是那个反复出现的主题。这种认为日本是几乎神圣的传统手工艺宝库的想法是不真实的。手工艺的确存在，但正濒于失传的边缘。

他补充说：“这很难。”他是不是露出了有点邪恶的笑容？“你可以利用科技让它变得更快。但我们认为手揉是控制味道的最佳方法。”

手揉涉及八个独立的过程。我们围着桌子（焙炉）站好，记笔记的时间很少，但武耕平成功地抓住一两秒钟的时间来抓拍。我们面前有一大堆深绿色的茶叶。

他继续说：“这个过程要持续八个小时。”我们面面相觑，稍微有些担心，毕竟我们已经计划好了晚餐。最好赶紧开始吧。这里有3千克的茶叶。如果我们的做法正确的话，工作结束时就会得到500克成品。

焙炉表面盖着什么东西，看起来像是一艘旧船上的有污点的帆布，但实际上是十层纸，摸起来也

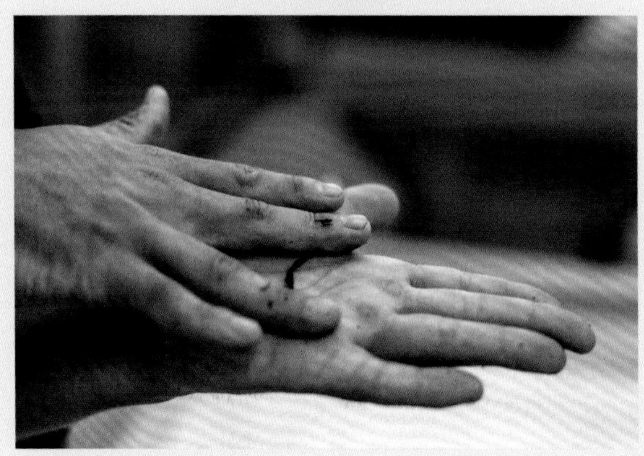

很温暖。“下面在加热，所以我们工作时水分就会蒸发。温度通常是100℃，但我们会替你们降低一些，”他笑了，“我们不会要求你们做整整八个小时。”这些茶叶已经蒸过、筛过，并且也冷却过。

我们开始工作了。先磨搓茶叶，再拾起来，用双手揉搓。“不对，用力。使劲挤它们。”这是一个新的步骤。把茶叶留在助炭上，拿起一团，用掌根挤压，慢慢地擀叶子。这个过程就像揉面一样，但是时间更长，也更严谨。我的背开始疼了，于是便弯下腰，助炭慢慢染上绿色，我的手也是。“你得加快速度了！”我们提了提速。“挤压它，按它。这样可以平衡水分含量，让茶叶均匀地干燥。”每次挤压都有助于破坏叶子的细胞壁；茶叶开始氧化，开始形成更复杂的味道。

这里太热了，我大汗淋漓。我想起参观清酒制作过程的场景，酿酒人光着上身，使劲碾着台面上蒸好的米饭和麴。这就像泡茶一样，很大程度上依赖于对气候和湿度的理解。这话是不是很熟悉？“我们可以通过触摸知道叶子里有多少水，以及如何最好地加工和滚动。”茶是一种古老的产品，每年的环境条件都在变化。

最初我认为山下只是个导游，但是在武耕平替我继续手头任务的时候，我问起他培训的事情。“需要15年才能掌握，这是我爷爷教我的。”他爷爷？“是的，他是个大师。其实他排在其他11位大师前面。”我可以看得出他的爷爷对他的影响。虽然山下是一个迷人的导师，但他对教导我们如何做好这件事是很严肃的。这种茶很贵，如果你想知道如何制作，就不能三心二意。

到下一步了。现在用双手捧起叶子，然后在手掌之间轻轻滚动和按压。然后反转，重复，反转，重复。“找到节奏，很好，保持压力。确认它们的干燥程度。”然后继续。

继续下一步。这时我们用到了一块板子，它与助炭成45°角放置。现在茶团变小了。现在要用更

本页图：
在福寿园宇治茶工坊，制作最好的宇治茶必须亲自动手

轻的力道搓揉并向下按，重复这个动作。

又是新的一步。拿起茶团，把手放在上面，手指张开。向下压，手腕并拢，手指再张开，像鸟的翅膀一样。将两团放在一起，转动90°，然后重复再重复。最后慢慢地将茶叶对齐。它们开始盘绕，变得更像针状。“还不错，”他拿起另一团，微笑着说，“继续做吧。”

“你工作的时候会想到什么？”我问。他看着我。

“禅。”就是那句格言，“该吃就吃，该睡就睡”。说的是完全融入当下，也就是肉身和冥想的一期一会。

到了最后一步。现在，我们再次用手轻轻揉搓茶叶，它们柔软但结实，足以完成最后的旋转，然后将它们摊开，进行最后的干燥。“一点也不差，这是我们今年做得最好的一次。”我没问之前有过多少次。

也许他只是客气客气，但我还是不确定一个人能否对刚刚毁了高档宇治茶的白痴客气。我们接受了表扬。“你还想再多做些吗？我们一天24小时都在做这个。四五月份都没有睡觉的时间！”我们拒绝了，还得吃晚餐呢。

他拿了一勺“我们做的”干茶，煮了一壶水，温度是60℃。“如果茶水温度太高，你会尝到苦味。”这种浓郁甜美的植物性液体是如此的新鲜，拥有如此明亮的绿色。第一杯几乎就像高汤一样，而第二杯一如既往是茶的核心所在，有层次感，现在更新鲜，但口味也更深沉。我们举杯敬茶。

像这样的茶哪里有卖的？我问。“很多地方都有，有些是给天皇的。”（到了那天晚上最后，关于这件事的说法就变成了“我们做了天皇喝的茶”。）

“我们现在想出口外销。喝茶不太受欢迎了。”我想到了日本数不尽的咖啡店，美国老牌明星汤米·李·琼斯（Tommy Lee Jones）代言Boss咖啡时那阴郁的表情，它的广告牌足足有一层楼高，自动售货机里的（热）易拉罐（包括名为Deepresso的

上图：
一系列精确的步骤必不可少

无咖啡因浓缩咖啡），还有热爱冰滴的潮人创造的一个新的仪式。会议上的那碗茶不过是客套。令人担忧的是，茶好像已经过时了。

千利休

禅师千利休（Sen no Rikyu，1522—1591年）不仅是茶道的创始人，也是日本一种新的手工艺方法的倡导者。在为丰臣秀吉服务时，他把一切都返璞归真，创造了侘茶，“侘”的意思是“简单”“朴实”。

这种茶是在一个小房间里喝的，房间的门很低，所有人，不管是什么级别的人，一进门都要鞠躬。房间的装饰很简单，茶杯略显土气，有着不规则的形状。冈仓觉三在他的《茶经》（*Book of Tea*，1906年）中描述了“仪式旨在培养谦逊：光线柔和，衣服颜色并不引人注目的，显示出岁月的成熟”。

千利休是日本人崇尚简单、细节、配料质量的起点。陶瓷、漆器、金属制品、装饰、榻榻米、建筑和怀石料理的新方法来自他对茶的发展。

他说：“只有用自己的身体体验艺术，才能理解艺术的真正含义。”他们是通往这个国家文化的真正大门，用作一碗茶这样简单的事情就可以将其表达出来。

这里有威士忌可以借鉴学习的东西，不仅仅是侍茶的平静仪式，还有欣赏其中精神的方式：那种平静的时刻如同被成分最简单的东西击中味蕾，用味道和记忆将感官吞没。这也是一种警告，过度依赖仪式会限制享受，敬畏过去会忘记现在。威士忌不仅仅代表一小口单一麦芽威士忌，鸡尾酒或高球也是它的乐趣所在。

本页图：
最后终于倒上了“我们做的”茶

陶瓷工艺

我们提着一袋袋茶叶回到外面。“我们去对面那栋房子吧，”武耕平说，“我以前见过这个人。他很了不起，是个大师。”我不清楚他到底是精通什么，从外表上也看不出来，但现在我完全信任武耕平。里面是一个陈列室，陈列着漂亮的茶具（和我们用过的杯子和碗一样）和其他陶瓷制品，有些是用黏土做的，似乎闪烁着星光。下一秒，一个年轻的小伙子从幕布后面出现了。“你好，”他鞠躬并递出一张名片说，“我是松林佑典（Yusuke Matsubayashi）。欢迎来到朝日烧（Asahiyaki）。”

我仔细看了看这张卡片，不光是出于礼貌，而且是为了了解他名字的拼写，下面印着“第15代”。我曾试着在探索各类传统工艺时加入陶瓷这一工艺，但事实证明这很难。现在武耕平给我介绍了一位男性，他们家族从16世纪起就开始做陶艺品了。

我脱口而出："400年？那是很长的一段时间啊！"

“但茶文化比这更古老。”他笑了，“正是因为这一地区有这种文化，我们才开始专攻茶碗。”我知道这里的土壤和气候对茶的品质有影响，但对陶器有什么影响呢？我们走向显示屏和我之前欣赏过的星光碗。

“那个用的是宇治的土，”他说，“所以会有这种闪闪发光的效果。茶有泥土的味道，泥土影响设计。茶来自中国，陶器来自韩国。在这两种情况下宇治土壤都被认为是最好的。虽然气候、土壤和水都有影响，但人们的情感同样重要。你想去看看窑厂吗？”

后面的工坊很大，窑厂也是，从正面看像是一个皱着眉头的日本武士，伴着波涛延伸到远处。你怎么控制这么大的东西？

“这里就像一个神社。当我们开火的时候总会向火神祈祷，因为虽然我们能控制开火，但总有不受控的东西！如果我能控制一切，那也就没意思了。总有一些我们从未见过的事。我最多可以控制到（他用手势比画了一下）某一点，然后所有其他元素都开始发挥作用。”

当他说他最近为了看他的祖先为伯纳德·利奇（Bernard Leach）制作的窑去过一趟英国时，事情变得更加错综复杂了。在中国香港出生的利奇是20世纪英国工艺的关键人物之一，他与柳宗悦有很深的渊源。从1911年到1920年，他在日本学习和从事制作传统陶瓷的工作，当时他回到了圣艾夫斯，最初是和朋友兼陶艺家浜田庄司（Shoji Hamada）一起，后来浜田去了达廷顿。当两人的日式登窑运作不佳时，佑典的曾叔公松林鹤之助（Tsurunosuke Matsubayashi）赶到，为他新建了一座窑，一直用到20世纪70年代。

松林佑典这次去英国重启了那座窑。“我带了宇治的土壤过去，和英国的土混在一起，做了茶碗等其他作品。”这就像反转过来的日本威士忌的故事。

那么，你的方法有怎样的日本风格呢？“尊重自然。我认识舆水精一，他可以控制蒸馏，但是当烈酒进入木桶时，他就只能祈祷了！这就跟我和窑厂一样，我要尊重自然，尊重过程，尊重精神。也许西方艺术家更努力地展现自己的个性。而我努力挖掘土壤的潜力，所以我尊重土壤和火。”

这反映出了滨田大师曾经写的东西。“如果一个窑很小，我也许可以完全控制它，也就是说，我自己可以成为一个控制者，一个窑的主人。当我在大窑里工作时，我自己的力量变得如此薄弱，以至于不能充分控制它。这意味着对大窑来说，我需要超越自身的力量。我想拥有一座大窑的一个原因是因为我想成为一名陶艺师，一名优雅工作而不是依靠力量的陶艺师。”

然而，日本的工艺未来会怎样？

“自从我父亲去世后，窑厂文化就一直在走下坡。现在的问题是如何让年轻一代对工艺感兴趣。传统上，我们只考虑在国内销售，但出口变得越来越重要。这是在卖商品，也是在卖文化。”他给了我一本关于“京都的新工艺运动”的英文书。要聊的事情很多，但是时间不早了，我们得去吃饭了。我

朝日烧（Asahiyaki）的武士模样的窑（左上图）。松林佑典（Yusuke Matsubayashi），第15代陶器大师（右上图）

的脑袋又开始飞速运转了。

“什么是工艺？”伯纳特·利奇有一次问道。得到的回答是，工艺是“在心与脑达到完美平衡之后，做出的美好作品……心灵是通过感官来得到滋养的。不是通过西方那种探求事实、高度理性的做派，而是通过直觉和情感，对物质的内在要求作出反应”。

松原说的和滨田以及他的祖先说的一样，但是又带着一种非常清醒的现代情感。这些话似乎反映了堀木绘里子和所有威士忌制造商谈论的内容：位置、创新、自然过程、不强加自我、尊重、简单和那种奇妙的机会元素。因为这是一个有生命的过程，所有这些都像纸纤维一样慢慢成形。

那天晚上晚些时候，我一边想着那些“星光”碗，一边翻看柳宗悦的书。

他写道：“发光的是物品，而不是创造者。”

上图：
宇治陶器的经典星光碗

怀石料理

这一天还没有结束。接下来还要去吃一顿怀石料理，这可不是小事。我吃过很多次怀石料理，每次都会被它的精确性，对材料、季节和外观的专注和它简单中的复杂所震惊和迷惑。每道菜上桌时，我都啜着清酒，喘着气。不得不说，我有时也想知道这种过于正式的场合何时会结束。

我试着表现得得体一些，试着坐好，用正确的方式吃饭。但我知道，作为一个笨拙、高大、毛发浓密的外国人，我总会在某个阶段搞砸。怀石料理因此成为一种美食，但会让人充满焦虑。

这次不一样。不仅仅是因为我是与米其林星级餐厅的梁山泊（Ryozanpaku）的福与伸二一起出席的。或者更确切地说，不是因为我被星级弄得眼花缭乱，而是因为这家餐厅归桥本宪一（Kenichi Hashimoto）所有，他与你能想象的任何一位米其林厨师都不一样。他像老朋友一样向我们打招呼，然后摆好姿势，双臂放在柜台上，上面展示着手写的菜单。

"啤酒？"当然可以。不管你在哪里，你打算吃什么或喝什么，首选饮料总是啤酒。关于这个甚至还有一个短语，"とりあえずビル"（toriaezu birru），意思是"我不知道我想喝什么，所以我会在下定决心之前喝杯啤酒"。更大的一杯酒马上被端上来，由上面的泡沫判断，这是三得利的全麦芽酒（All Mailts）。"干杯。"我喝了一口。不是三得利的全麦芽酒。它可能看起来的确像啤酒，但它其实是——

"高球威士忌！"桥本大叫道，"今晚的晚餐是威士忌怀石料理。舆水和我创造了这个概念。为什么人们总是要在吃饭的时候喝清酒？为什么不喝威士忌？"

这确实是怀石料理，但它是以一种新的喧闹的方式享用的。我们坐在柜台边的凳子上，看着他开始工作，不知何故，我们做到了一边聊天，一边设计和安排非常复杂的菜肴。

就像那些令人愉悦的夜晚一样，谈话以令人眼花缭乱的速度从严肃的、哲学的话题转到荒谬的话题，然后又转回来。季节性的话题慢慢浮现，鳗鱼（当然）也出现了。我们谈论手工艺和季节性。厨师桥本说："下一道菜会有所不同，我们不能整晚只喝威士忌。这是怀石料理的根本。"一些玻璃的小清酒杯被送了上来。我们举杯啜饮，等一下——

"威士忌！我又骗到你了。"

这顿饭就这样继续下去。各种各样令人眼花缭乱的菜肴，每一道都佐以某种形式的威士忌：在鸡尾酒中稀释，加上装饰，加入出汁。通过对比或协调来进行各种搭配。不同的温度体现了对立和一致。显而易见，这是鸟井信治郎的愿望：威士忌与日本最珍贵的美食融合在一起。

谈话由食物引导，从季节转移到口感。伸二说：“如果我们的烹饪是以口感为基础的，那么在制作威士忌时也会受到影响。”

桥本说：“威士忌也是一次旅行。怀石料理也是。”然后，他开始解释我们即将结束的这一餐是如何与水有关的。水的使用方式，在烹饪中、在展示中，以及缓慢的消失过程，直到“你到达顶峰并感到焕然一新”。关于烹饪和装饰的谈论又回到了主题上。

桥本宪一和舆水精一创造的怀石料理威士忌有一种诱惑的感觉，但它与我在过去一天听到的一切完全吻合。为了生存，你必须深入观察并愿意做出改变。出于对传统的尊重，有必要与限制性的做法产生摩擦碰撞。在其诞生地采用怀石料理这一高度形式化的概念是一个大胆的举动，但它必须既适用于菜肴，又适用于威士忌。

诀窍是不要为了改变而选择改变。创新往往是由对新事物热切的渴望驱动的，对传统的担忧其实无关紧要，只要让它焕然一新、闪闪发光，令人兴奋就可以了。大多数“创新”会不可避免地失败，但这没什么大不了的，因为一会儿就会有同样新的东西出现。然而，这些东西没有深度，因为除了对不同事物的渴望之外，没有任何根源。“过去无关紧要”，除非是为了讽刺或者复古，否则这个说法并不准确。

这种心态似乎和手工艺相矛盾。毕竟，手工艺根植于传统之中。传统是对动作和策略的重复，它不是自发的，它珍重过去。你家里几百年来一直在做茶碗或者纸，这一点才重要。

“在一个遵循传统的社会里，”盖瑞·斯耐德（Gary Snyder）写道，“创造力被理解为偶然产生的东西……对于一个被告知方法的学徒来说，这是一

种强烈的冲动……总是做以前做过的事……以一种新的方式改变它。然后呢？身处传统之中的老人会说：‘哈！你做了新的事情？不错！’”

我开始不清楚自己关于传统工艺和威士忌之间联系的理论是否成立。我能做的就是问问题，看看有没有联系。而今天算是问对了。无论是和纸、茶、黏土、食物还是威士忌的制作，答案都是一样的，基本原则也是一样的：自然材料的首要性、简单、质朴、注重细节；耐心和努力进取、不强加个人观念、允许物品绽放自身的光彩、接纳机遇。新的篇章似乎已经揭开。

P162图：
米其林厨师桥本宪一展示他的菜单

大阪

另一个成员加入了我们。我第一次见到山崎勇贵（Yuki Yamazaki）是他在公园酒店当调酒师的时候，之后他开始在全球各地周游。我们在许多地方不期而遇：多伦多、伦敦、巴黎、中国台北。他开发了自己的日本鸡尾酒苦味系列，并将在接下来的几天里与我们同行，当我们的翻译。计划在最后一刻发生了改变，让我们第一次能够享受到安静的一天。嗯，这本该是安静的一天。但结果却完全相反。

日程调整后，正式访问就只剩淀川的酒井硝子株式会社（SakaiGlass）了。这是大多数日本酒厂高端产品的首选制瓶厂，一些熟人特别点名，称那里有与威士忌相关的优秀工匠。也就是说，我们要去大阪。过去的经验表明，这个城市总是会为大家精心规划的旅程平添一些有趣的变数。这也将是我第一次参观制瓶工厂。

出租车在无名的小巷中穿梭，我不确定我们是不是迷路了，可能是迷路了。对我来说，在日本迷路是常态。我找不到大多数地方不仅仅是因为对招牌上的文字缺乏理解，还因为酒吧可以藏在小巷、地下室和摩天大楼上，而这些地方还有100家其他类似的店铺。许多夜晚，即使知道我们的目的地就在附近，我也会在黑暗的小巷里凝视路标。当我偶然发现另一个同样优秀的店铺时，原来想找的那家店铺常常就会被遗忘。一天晚上，我像往常一样找不到别人推荐给我的地方，于是去7-11问路。神奇的是，那里有一对新婚夫妇，新娘正穿着婚纱，在那里购物。

虽然我有一张地图，但仍然会感到困惑。“请问，”我问道，“我们在哪里？”我想如果我知道自己在哪，我就能找到那家令人心烦的酒馆。

结果，这个问题被解读成了一个存在主义的问题。“啊，我们在哪里？”新娘说道，也许她已经在犹豫了。

“我们在哪里？”店主凝视着天空说道。结果我们一直没找到那家酒吧。

迷路是好事。它带你离开舒适区，偏离主干道。当你远离那条笔直的道路时，你会遇到有趣的人。遵循狭隘的传统有什么价值呢，不是吗？

无论如何，我们最终迟到了一会儿，但本来我们可以跟着玻璃破碎的声音找到那个地方的。我们被带进一个小房间，公司总裁酒井浩太郎（Kotaru Sakai）开始讲述他家族的故事。

P165图：

大阪将传统与现代幸福地结合在一起

献燈
熊谷勝昌
寅太郎
TORATARO
ウィズユー
ダイアモンド
阪本漢方堂
源久秀
井上
大國屋
napoleon
魚力
富美家
近又
山本清掃
大岩建設工業
明山歯科
有次
木村
山とみ
中徳総本店
錦天満宮
錦天満宮
錦天満宮
知恵・学問・商才
頭の神様
御祭神
菅原道真公
末社 日乃出稲荷神社・塩竈神社・白太夫神社・七社
錦天満宮
おみくじ
腹帯

玻璃

原来，这个家族实际上是从大米商人开始做起的。“一个家族朋友那时已经开始做玻璃了，”酒井浩太郎说，“我的祖父受邀加入，然后在1906年，他接管了公司。我们从一开始就和三得利有关系。我爷爷认识鸟井信治郎。”鸟井的第一个品牌赤玉波特（Akadama port）的瓶子正是酒井玻璃做的，角瓶的第一批瓶子也是。“我们现在为许多酿酒厂供货。”他的目光移向展示柜，那里有全国所有威士忌生产商的顶级酒瓶。

我们开始谈论工厂的发展历程。他讲到工厂某种新的制作流程时，停了下来，说道：“我带你去看看吧，这样你可能更容易理解。”

我们来到了工厂。他解释说：“过去我们习惯人工吹制所有的瓶子，但我们一直在开发一种更加自动化的新流程。嗯，应该可以说是二者相结合。”房间中央是一个巨大的金属蜂巢，上面打了一系列的深橙黄色的洞，唯一的装饰是一张由电线和电缆组成的网。

一群不停移动的蓝衣工人正在照看“蜂巢”，我们很难跟上他们的速度。一个人把一根长杆子插进一个洞里，挑出一大块熔融玻璃。有那么一秒钟，他就好像把太阳放在了这根棍子的末端。随着一个快速的动作，这块玻璃旋转到他的一个同事旁边，这个距离真的太近了。这位同事专注地看着熔融玻璃流入一个重金属模型中。他压了压模子，然后拔出瓶颈。模子砰的一声关上，传出空气喷射的声音，一个瓶子就这样制成了。取出的瓶子现在是干净的，被钳子夹了起来，接受仔细检查。这个过程花了15秒的时间，这时候下一块玻璃已经在路上了。

不同的团队以此为中心，插入长杆、挑起、旋转、入模、合起、注入。纯色和暗灰色，深红色和蓝色。精致的细丝在空气中旋转，在冷却的同时碎裂。有一个瓶子被报废了，扔进废料桶，砰的一声炸裂。这里狂暴而灼热，激烈还有点吓人。每个人的脸都被熔炉中永恒的夕阳照亮。一切都需要专注，我也浑身是汗。

一个团队已经离开了其中一个开口。“我们必须清空它，然后再重新开始。”一个年纪较大的人缓步走过来，手里拿着一个放玻璃的废料桶，还有一根杆子，杆子末端有个开口的金属盒。他往废窑里挖，取出漏出的玻璃块。他似乎在空中划出了一道道橙色的条纹。整个过程让人看得出神。

上图：

细心、精确和速度都是玻璃制造必不可少的

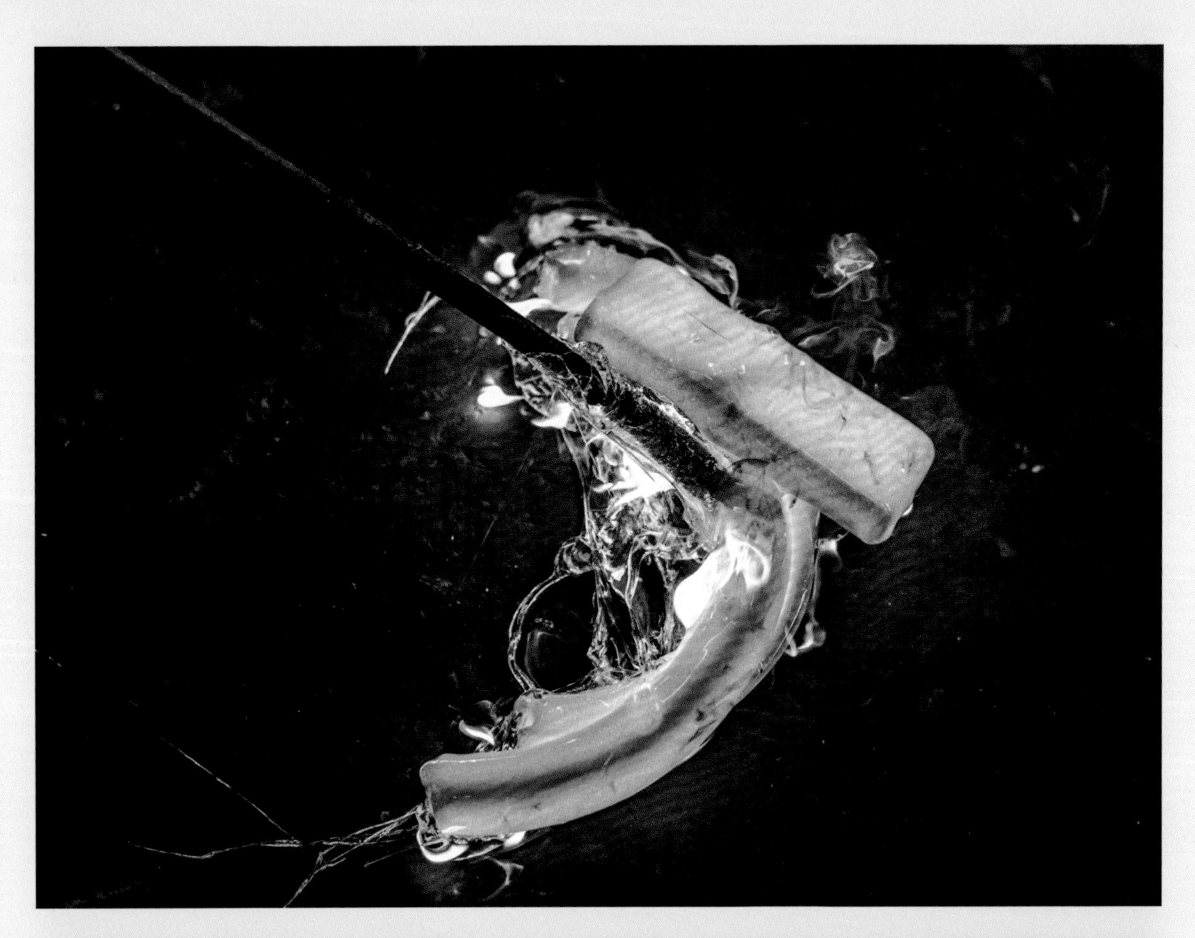

“那些瓶子……”酒井微笑着开始说道。是的，那些瓶子，那些没有被直接报废的瓶子被放在一个缓慢的传送带上冷却。“我们去另一头。”要离开这个位置有些难度。工人们凝视着亮光，被他们的工作成果照得睁不开眼。

传送带的另一端要凉快得多。这些瓶子现在已经冷却了两个小时，可以拿起来检查。其中一个放在旁边，酒井把它捡起来。“它有点瑕疵。”我看了看，觉得完美无瑕。“那里，”他指出，“你现在看到了吧。”有一个非常小的点。“我们允许瑕疵的最大值是0.5毫米，”他笑了，“我们比其他厂家更严格。”

我们走过架子上的模具和旧瓶子。我拿了一个山崎50年的空瓶。“日本人喜欢瓶子里面装着特级酒，所以外部也得是特级品。为了满足这个需求，我们必须兢兢业业。”

别误会了，这才是手艺。设计师坐在楼下的一个小房间里，磨着放酒瓶塞的瓶颈部，以求完美契合。“他很厉害，但像他这样的工匠越来越难找了。”这里又要问同样的问题了。那为什么还要坚持这个工序？“我们一天可以生产800个瓶子。自动化生产的产量当然会更多，但如果是手工制作出来的，瓶子就变得很特别了。”

订单本上写得满满当当、密密麻麻。他如何看待这项技术的发展？酒井说：“这对我来说是一个新的挑战。玻璃不是大阪的特产。日本玻璃制造商一直依赖机器。欧洲不一样。那里的玻璃制造有风格、有态度。我尊重欧洲人的技能和创造力，因为他们有历史。我们还没到那一步，”他停顿了一下，“但前路畅通无阻。”

我想起了第一批制陶者将他们的产品与来自韩国的更复杂的产品进行比较，想起了鸟井和竹鹤对他们一开始制作的威士忌的看法。尊重不同的传统，适应它，让它成为自己的东西。这里可能也在发生着同样的事情。

酒井硝子玻璃厂正在清空一座炉子（P168图）。公司总裁坂酒井浩太郎目不转睛地看着（上图）

大阪

管理团队聚集在入口处向我们挥手告别，或是为了确保我们离开厂区。我们饿了，早上没吃饭。我们好好讨论了一番，武耕平说：“我知道一个地方。”他当然知道，他可以在最不可能的地方找到最好的食物，而大阪最有名的就是美食。你可能会去东京或京都吃饭，而在大阪，你就是为了美食而来的。这里就是日本美食的灵魂所在。

我们选择的午餐“御好烧”（okonomiyaki）就是一个完美的例子。巨大的煎饼有谁不爱呢？它由打好的鸡蛋、面粉、高汤混合卷心菜制作而成。当然，你还可以根据自己的喜好加料（因此得名“御好”，意思是“你喜欢的东西”；“烧”的意思是“烧烤”），然后淋上特制的棕色调味汁。这与你能想象到的怀石料理相去甚远。

即使在这里，季节和地区的因素也发挥了作用。武耕平告诉我们，大葱刚刚上市，现在是选择葱烧（negiyaki）的最佳时机，因为葱是葱烧的主要配料（事实上是唯一配料）。我们吃了好几个。

“我知道我们应该去哪里，桑博亚（Samboa）。”当我们坐在返回市中心的火车上时，勇贵说。这家酒吧坐落在一栋外观奇特的哥特式建筑中，尽管这个地方的历史只能追溯到1947年，但这家酒吧是从1918年开始营业的。它有一种老式沙龙的感觉：高高的天花板、几套桌椅、一个长长的吧台。威士忌种类不多，也没有必要有很多。在桑博亚，只有一种东西可以喝，而且几秒钟就能做好。

高高的冷玻璃杯装着60毫升的冰冻角瓶，再加上一小瓶苏打水，放上柠檬皮装饰，不加冰。就是

这样。这就是桑博亚高球。

瓶子转眼就空了。这么快，得缓一缓。我注意到调酒师没有使用任何手法，而在日本调酒师一丝不苟的世界里，大阪这种做法可是不同寻常的。“看这个杯子。”调酒师说。靠近底部的位置有个缺口。嗯，其实也没那么靠近底部。这种饮品恰到好处。“威士忌就是这么来的，看到了吗？”又来了三杯。人生已经圆满了，我可以整晚都待在这里。我怀疑有些人确实能待很久，但我们得去酒店办理入住手续。“然后再吃些东西。”武耕平补充说。

品尝各种食物才不枉来一趟大阪。这座城市的居民用他们的友好使你臣服。这是典型的第二城市综合征，格拉斯哥、伯明翰、波士顿、里昂等都有这种症状：这些地方经常笼罩在一个更出名的邻居城市的阴影中，因此，他们通过热情地招待客人来展现自己。

在这里你总是会不按套路出牌。这个晚上原本精心计划参观四家酒吧，结果每次都有调酒师提议了一个新的去处，还加入了我们，最后我们去了八家酒吧。一开始只有我们两个人转场。那晚最后，我们14个人在城市另一端的罗金酒馆（Rogin's Tavern）喝着禁酒令颁布之前的波本威士忌。

奥古斯塔酒吧（Augusta）、婆娑罗酒吧（Basara）、国王酒吧（K）、酏剂酒吧（Elixir）和皇家里酒吧（Royal Mile）都在这里。在我对水楢香气的探索中，也是这里让我第一次了解到了制香的奥妙。这里什么都有可能发生。

武耕平和山崎谈过了。我们得出了“去真正的大阪”这个结论，所以步行去了新世界（Shinsekai）。这里是这座城市曾经光彩夺目的“纽约区”，虽然现在的名声变差了，但我还挺喜欢纽约有点乱糟糟的感觉。新世界是炸串（kushikatsu）的天堂：炸面糊、裹上面包粉、酥炸的肉串和蔬菜，浸入深色黏稠的甜酱料中。武耕平说“千万不要蘸第二次”。另一杯半品脱的马克杯中装着一份高球威士忌，带着雾气朝我而来。

“欢迎来到大阪！”几个人在柜台边招呼客人，提醒着“不要蘸第二次！”

大阪的菜单上有螃蟹和御好烧（P170图及本页上图）

又一轮食物。卷心菜叶有助于消化。

“你是哪里人？”一些坐在我们旁边的学生问道。“苏格兰？欢迎来到日本！欢迎来到大阪。”他们看着我的盘子。“不要蘸第二次！”杯子砰的一声碰在一起，冰凉的高球溅到我的牛仔裤上。

我们在城市里吃吃喝喝，时间也不早了。“最后一碗，”武耕平说着，找到一家餐馆，然后加上他最喜欢的一句话，“你一定要尝尝这个。”我们坐在柜台边，厨师正站在一桶稠稠的、沸腾的液体旁边。你知道高汤吗？嗯，这个已经炖了175年了。这个高汤里放了几串火腿、鸡蛋、蔬菜和一些肉。深夜里这些食物会把人肚子撑破。我们漫步回家，路过会动的巨型螃蟹和狂野的科幻生物，头上飘着膨胀的河豚气球。周围都是霓虹灯和噪音。

日本一向有这样的一面。日本既有茶道，也有令人眼花缭乱的娱乐世界，既有能剧，也有歌舞伎；既有安静的威士忌酒吧，也有喧闹的场所。威士忌存在于这两个世界。这合情合理，因为它让人娱乐，也让人沉思。不管质量和声望如何，威士忌的功能最终就像一个精致的茶杯，不过是一个盛茶的容器，又或者像一把用来切东西的手工打造的刀。工艺品是功能性导向的，它们的美丽源于用途与真实性。将它们尊崇为高级艺术，反而本末倒置——只看表面与制造者，而不看形式、功能与用途。

要理解日本威士忌，你必须透过其表面，看看其中隐藏着什么，并弄清楚在某种程度上是否与其他工艺有着共同的理念。这可以通过多种方式表现出来，比如风味。

有了菜，现在我们想搭配一杯酒。菜肴因气候而存在。夏雨带来稻米，冷暖洋流交汇带来丰富的渔场，而贫穷的历史则有助于创造一种崇尚清晰和精确的美学方法。这适用于食品、纸张、制刀、陶瓷等。食材没有被隐藏，也没有被复杂化；相反，它的品质在料理中得到了提高。饮品的制作也是同理。美食与美酒都是“透明”的，但不要以为透明就意味着缥缈和纤弱；相反，它是清晰、精确的。如果日本发明了威士忌，而苏格兰受到启发效仿，那么苏格兰的做法就会不同，因为苏格兰的条件（气候、美食、场合）都不一样。威士忌既关乎文化，也关乎自然。

高球和炸串（kushikatsu）（P172左图）。
晚上的大阪可以变得超现实（P172右图
及本页上图）

高球

我意识到，在某种程度上，我提到的几乎每一项内容中都涉及一杯高球。为什么会如此沉迷于高球？嗯，这是一款成功的饮料。它冰凉清爽，酒精度恰到好处，不至于强烈到让你烂醉如泥。这是一种夜晚的“开门饮料”，或者可以与食物搭配。

高球也是帮助日本国内威士忌市场摆脱困境的救星。在2008年，曾经仅在日本一年销售量就达2.25亿瓶的行业仅卖出5000万瓶。当时一些酒厂已经关闭，一些被封存，其余的维持着短期运作：因此造成了今天库存短缺的情况。

正如我在的访问中所了解到的，酿酒商尝试了许多方法来重振市场，其中大部分都围绕着让日本威士忌尝起来像其他饮品，或者与其他饮品味道都不一样，但都失败了。你也许能在专业酒吧里找到天底下所有威士忌，但在居酒屋，你得很幸运才能看到有人端上一杯威士忌。当然，啤酒肯定有，烧酒也绝对有。

还有什么可以尝试的？三得利酒业的首席执行官水谷彻（Tetsu Mizutani，也是该公司的“威士忌先生”）进行了一场“赌博”。他的团队报告说，在这个排斥威士忌的沙漠中有两个威士忌热点，一个是桑博亚集团，另一个是东京新桥站旁边的一家名为目拔鱼（Rockfish）的酒吧，每天可以出售一箱角瓶。两家酒吧都在卖高球：双倍的冰镇威士忌、冰冻玻璃杯、一瓶冰镇苏打水，如果你想的话，还可以加点柠檬片装饰。

水谷在全国范围内注册了500家居酒屋用来推广角瓶高球（Kaku Highballs）。在18个月内，10万人加入了这场运动。他当时说，我们已经尝试了很多其他策略。威士忌不受欢迎的最大原因是我们失去了人们可以享受威士忌的场所。人们没有在晚餐结束时喝威士忌，也没有在饭后去第二个酒吧。他们只是待在一个居酒屋，一边吃饭一边喝酒。所以我们决定设法让他们在那里喝威士忌。这不再只是针对工薪阶层，而是更年轻的饮酒者。

市场果然增长了。其他蒸馏厂都加入进来。高球是散装的，预先调配好的，来自于三得利的专利分酒机“高球塔”(Hiball Towers)。而且到处都能喝到：街边的咖啡馆、回家的火车上，或者高档酒吧。经过这么多年的痛苦挣扎，最终的解决办法是加入一点点苏打水。为什么？因为这样管用。饮料、场合、服务，道理其实很简单。

上图：

三杯高球，桑博亚风格

调酒

在当今世界，“威士忌”已经成为“单一麦芽”的代称，尽管事实上大部分威士忌是以调和酒的形式出售的（我指的是麦芽和谷物的调和威士忌）。苏格兰威士忌就是这么建立起来的，日本走的也是这条路线。值得铭记的是，日本的第一个单一麦芽品牌山崎是在1984年推出的，也就是这家酒厂开始生产的60年后。调和酒提高了产量。

日本的威士忌热潮是由调和威士忌推动的，始于1937年三得利的角瓶。1949年，该公司推出的托力斯威士忌（Torys blend）将工人阶层的饮酒者纳入销售范围，并催生了1500多家酒吧连锁店和该国第一位标志性的威士忌人物“托力叔叔”。到了20世纪50年代和60年代，两家主要公司都在寻求特级产品，分别是一甲黑色（Nikka Black）、一甲黄金&黄金（Nikka Gold & Gold）和超级一甲（Super Nikka）；三得利推出三得利老牌威士忌（Suntory Old）和三得利皇家威士忌（Royal，在20世纪80年代早期成为世界上最畅销的调和威士忌），1989年推出“響”（Hibiki）。而麒麟、海洋和其他公司也推出了疑似调和威士忌的产品，现在你知道了，在那时，“威士忌”就代表着“调和威士忌”。

缺点是这些威士忌变得无处不在，如果是单一麦芽威士忌的话会更容易追溯它的制作过程。你可以看到酒厂，甚至可以去参观，并把那里的场景记在心里。但调和威士忌呢？它是在什么地方，由哪些人制造的？大萧条时，调和酒是廉价老式酒的简称。在销售酒的热潮中，不管调和威士忌多么棒，它还是受到了影响，而单一麦芽最终不受影响地来到了巅峰——尽管这些单一麦芽威士忌本身也是一家酒厂利用不同蒸馏物和桶型得到的调和物。

制作单一麦芽威士忌的人和制作调和麦芽威士忌的人是一样的，他们对工艺的投入也是一样的。调和师引导风格，维持库存和创造新的风格。正如三得利的首席调和师福与伸二指出的那样，调和师必须是味觉大师，并且他们必须对市场的变化趋势很敏感，并相应地改变风格。

“如果我们保持不变的质量10年或15年，消费者会说调和威士忌变差了，因为他们的品位已经变了。今天的角瓶与十年前完全不同，因为那时它用来做水割，现在是用来做高杯。保持品质很重要，但在流程、木桶管理和保持品牌质量的理念中，更重要的是要提升品质（又是改善法在起作用）。”

“威士忌的出品是随机的，结果总是有变化。我们不坚持一个‘配方’，因为威士忌的成分总会变化。每次的调和酒都是新品种。”接受偶然，工艺风味永远需要提高，永远要适应时间的流逝和期望的变化。

然而，调和威士忌如何改变如今的单一麦芽酒饮用者的口味？东京的一甲调酒师酒吧（Nikka's Blender's Bar）有一种创新的方式。在这里，你可以坐下来用不同的成分调配属于自己的酒。另一种方式则是与全球调酒市场的关系更为密切——三得利的季（Toki）与響和谐（Hibiki Harmony）都以全世界的消费群体为受众，而一甲的原桶直出

（From The Barrel）不仅与零售业密切合作，而且还是为麦芽威士忌爱好者定制的特别款。

帮助可能来自意想不到的地方。谷物威士忌不再被视为单一麦芽的次品，而是一种具有自身复杂性的威士忌风格。一甲有两种，御殿场有三种，还有三得利的知多，这些都展现了新的威士忌特色。如果事实证明“问题”不在于谷物，那么也许调和威士忌也值得一试。

伸二谈到的随机性还有另一个因素。如果调出来的酒总是一样的，那么计算机也可以调和酒。但计算机做不到，威士忌需要理解和驯服。它需要一个了解气候和酒桶微妙之处的调酒师，使其变得特别。调酒师是随机与控制之间的操盘手。

品酒笔记

在20世纪30年代开创了整个行业的品牌是**角瓶**（Kakubin，40% ABV）。事实上，你可以说，当高球被重新发现时，也是这个品牌让这个类别重新焕发了生机。角瓶是一种调和威士忌，用作水割或高球时效果最好。闻香有香蕉和泡泡糖味，还有一点奶油和脂肪的颗粒感。口感不太甜，回味有明显的刺激感。

三得利最近推出了另外两个针对调和威士忌和鸡尾酒市场的品牌。**季**（Toki，43% ABV）全是杏干、柑橘皮和多汁谷物的风味，带有奶油菠萝和梨的口感，兑入水后逐渐呈现出鲜味。

響和谐（Hibiki Harmony，43% ABV）比较冷调，有着红色水果——樱桃、蔓越莓和少量熏香味道。口感甜美圆润，带有浆果和樱花的味道，高调而清澈。

该系列还包括一款**12年威士忌**（12-year-old，43% ABV），以香料、杧果和菠萝为前调，然后从香草为主导的温和口感变化到令人惊讶的酸味，

上图：
调和是日本威士忌的基础

唤醒口腔，酸味来自梅酒桶。这款17**年威士忌**（17-year-old，43% ABV）富含柑橘油、可可，并含有一些清淡的雪莉桶味和水楢木桶味，口感绵密。昂贵的限量款35**年威士忌**（35-year-old，47% ABV）有更明显的水楢味和霉腐的蜡味，有一种旅馆混合了苹果糖浆和黑樱桃、干果皮的味道，带有平衡的收敛感。

麒麟的**富士山麓**（Fuji-Sanroku，50% ABV）不出所料，是谷物型威士忌，具有鲜味元素，赋予口感与质感。前味有成熟的黑香蕉、果仁糖和野芝麻的味道，口腔中会感受到大量的百合和风信子味，这是一种漫长而优雅的混合。

一甲的招牌威士忌是**超级一甲**（S43% ABV），这在出口市场不太常见，但在我看来，它是日本最美味的调和威士忌。醇厚甘甜，有大量香草味，还有一些太妃糖味和更甜的宫城峡风格的水果味。

一甲原桶直出（51.4% ABV）在世界范围的酒吧里可能更加常见，这是一种与超级一甲截然相反的调和酒。这款酒里，浓度占主导：荆棘果、醋栗和加水带出的烟熏味，以及一些矿物的口感，在果香来回碰撞之间，增加了一种甜葡萄干的品质。它并不微妙，但是奇妙。

较新的是**一甲12年威士忌**（43% ABV），风味特质回归到宫城峡风格。比超级一甲更甜，有淡淡的肉桂味，还有脆苹果、新鲜青草、粉色葡萄柚和令人惊讶的浓郁花香。口感厚重而柔和，只有一丝烟熏味。

三位艺术大师，P178下图为一甲的佐久间正（Tadashi Sakuma）、P178上图为三得利的福与伸二、本页上图为麒麟的田中城太

熏香

我的水楢木香秘密探索之旅包括啜饮威士忌、去寺庙，最后是乘坐大熊猫快乐列车（我没骗你）参观梅荣堂（Baieido）。这是日本最古老的熏香制造商，历经16代地址不变，始终在大阪附近的堺市，主要为寺庙提供熏香。

水楢木的“寺庙气味”和熏香之间的联系在于橡树和受真菌影响的沉香木（Aquilaria allagochea）之间存在相同的分子。自佛教于538年到达日本以来，沉香木一直是寺庙熏香的关键成分。

沉香木有六个等级，从最高的伽罗（kyara）到佐曾罗（sasora）。所有品种都有一种高度复杂、令人难以忘怀的香气，混合了所有其他的木质和树脂、花朵、零陵香豆、雪茄、干果和皮革的气味。当然价格也贵得离谱，一克伽罗要2万日元。

我是为了沉香木而来到这里的，但发现梅荣堂每个系列的产品都是由多达20种不同的成分混合而成的，包括檀香、雪松、乳香、雄黄、安息香树脂、广藿香、丁香、肉桂、菖蒲根、白松香脂、龙涎香和淡菜壳，且大多数混有梅荣堂招牌的婆罗洲樟脑。

所有原料都被磨碎，根据气味调和，再与水混合成糊状，然后用看起来像面条机的东西挤压出来。香的长度很重要，因为它要用来测量时间。一炷香能坚持半个小时，也就是“冥想的长度”。

然后将其在阁楼上干燥三四天，再分类、包装并熟化六个月。这既像雪茄厂，又像威士忌实验室，需要理解香气、混合、个性、一致性、天然成分以及它们带来的挑战。

这是一个迷人的世界，在这个昏暗拥挤的偏僻街巷里，四处都铺满了岁月的芳香尘埃。它也进入了我们脑海中的一隅：芳香的木头和树脂的气味进入我们共同的潜意识中。也许熏香是最早的高级嗅觉艺术。

对于该公司总裁中田信浩（Nobuhiro Nakata）来说，熏香可以像蜂蜜一样甜；像未成熟的李子一样酸；像香料一样辣；像浸过盐水之后用火烤的海藻一样咸；像草药一样苦。然而，业务正在发生变化。他告诉我：“我们仍然制作传统的熏香，但这是过去的味道，我们必须创新。年轻人想要清淡的香味——咖啡或绿茶，而不是他们祖母房子里的味道。”更多的联系，更多的回响。

上图：
沉香木的香味从每个寺庙里飘散出来

白橡木蒸馏所

从大阪到明石

我们三个人乘火车从大阪去明石，这时又下雨了。不吃早餐已经成了一个惯例，但是我们还是有时间在明石的车站咖啡厅里，先把自己和行李挤在小桌子上，然后吃一个柔软、甜美的三明治。雨越下越大，雨水开始漫上出租车站台。我们完全看不到大海的踪影，但我们有可能正在穿越大海。随着持续的倾盆大雨，我能感觉到武耕平正在考虑备用计划。这种天气对再有修养的人来说也是难以忍受的。

终于，当我们离开主干道时，天气开始好转。即使在这样一个阴沉的日子里，当你靠近海洋时，还是会感到豁然开朗。“就在这附近的某个地方。”出租车司机说。道路的一边是一系列低矮的建筑，它们的木板被烧焦，染上了棕色和黑色。我们开车绕过一个废弃的庭院，然后看到对面的现代建筑，上面有江井岛酒厂的标志。

这是一个鲜为人知的酒厂，也是一个谣言不断的酒厂。它的威士忌会偶尔冒出来，然后又消失。

在里面，我们把会议室变成了行李寄存区。座位又低又舒适，茶端上来了，一个身材瘦高、头发花白、有点心不在焉的男人走了进来。他自我介绍为平石干郎（Mikio Hiraishi），他的家族自1888年以来一直在经营这家公司。

下图：
江井岛酒厂的标志

大蔵四番倉
明治二十九年(一八九六年)竣工

白橡木

平石干郎起初似乎很沉默，但很快就打开了话匣子。他说：“在江户时代，这家酒厂在江井岛很出名。五家啤酒厂一起组成了这家公司，这在当时是不寻常的。创始人精力充沛、精神饱满。我想现在我们会称他为风险投资家。”他咧嘴大笑。后来才知道他说的是他的曾祖父。

“不管怎样，有五年的时间，这里生产的清酒一直被评为日本十大清酒之一。然后，从1919年开始，我们开始生产其他品种，比如烧酒，于是一系列的烈酒开始出现。”这里有个老生常谈的话题了：有经验的生产商看到市场开放，然后开始多元化生产。在1919年，生产威士忌应该是一条合乎逻辑的路线。

“实际上，我不确定威士忌蒸馏是什么时候开始的，”他坦白道，“不过我可以肯定地说，威士忌是在1964年奥运会期间开始制造的。”但是制造威士忌的执照不是在1919年被吊销了吗？“哦，是的，”他又露出了那种笑容，“我们有执照，但就我所知，我们没有成功。不过，我们确实有威士忌品牌；我们会购入烈酒，然后在这里制成调和酒。不过，从执照的日期来看，理论上，我们确实是第一家威士忌酒厂。”然而，他并不主张日本威士忌起源于此。正如岩井在摄津酒造（Settsu Shozu）的计划受挫一样，这令人不禁思考，如果……会怎么样呢？

人们很容易认为白橡木是日本威士忌的外行（虽然并非如此）：他们想做就做，想停就停，想开始再开始，从来没有完全投入这项事业中。我更愿意认为他们这样是务实的。平石继续说：“我们都清楚，曾经有一段时间卖威士忌很难。它的质量没有得到认可，人们也不愿意购买，所以我们就停产了。”

这家酒厂在1984年进行了升级，但那不是开始涉足威士忌的最佳时机。最好是量力而为。当然，繁荣意味着现在产量更高吗？

“现在我们已经停止生产烧酒，只生产清酒和威士忌。哦，还有梅子利口酒。”你仿佛可以看到他在列举的时候，也在脑海中细数这些品类。“还有葡萄酒，我们在白州附近的一个村庄有一个葡萄酒厂。对了，还做一些味淋。”

那么现在威士忌更重要了？他双臂环胸大笑：“这个问题总是取决于时机和历史。现在的话，是的。我认为现在对威士忌的认可度越来越高了，所以它对公司来说也变得越来越重要。所以，没错，我们正在制造更多威士忌，但是逐步进行的。”我有一种感觉，这里的一切都是逐步进行的。

上图：
白橡木在日本获得了第一个生产威士忌的许可证

和日本酒厂的习惯一样，这里的老蒸馏器也在外面。他解释说，这些是极小的口袋大小的壶式蒸馏器，“1964年生产的。”你们以前做的什么款式？他笑得前仰后合：“我不知道！我不知道以前是什么样子的。”

从外形来看，它们应该很重。

在酒厂内部，一切开始得相当传统。有一个现代的布勒（Bühler）研磨机，大麦是来自波特戈登（Portgordon）的脆麦芽，装在1000千克（1吨）的袋子里，是轻泥煤型。但后来就变得奇怪了，这里的奇怪是奇怪得好的意思，你应该明白，但确实很奇怪。

我们进入一个夹层的楼层，里面有两个槽。一个看起来像糖化槽，但其实不是。另一个看起来像一个接收桶，却是糖化槽。原来，第一个槽是糖化作用开始发生的地方，之后送到第二个槽，在那里沉淀并过滤。为什么这样做？我问平石。“事情就是这样，”他回答道，“我们没有任何帮助或信息，所以我们一开始就是这样做的。”

还有另一个水箱，水从上面倾泻而下，淹没了下面的地板。事实证明，这就是白橡木自己培养酵母的地方。水用来控制槽中的温度。然后，（澄清的）麦芽汁和酵母被泵入四个发酵槽中的一个，发酵三到五天。

这些小而有棱角的蒸馏器看起来很简单，但酒是在一个放置在地板上的蒸馏器中收集的（我第一次看到），且酒精度很低（55%～60% ABV）被收集为新酒。

产量仍然很少，每年只有48000升，但正在稳步增加。从下面的一排桶中可以看到他们新的工作重点：新的波本桶和一些新的220升雪莉桶，均为日本箍桶。仓库里还有更丰富的品种：二次装填的美国橡木、旧雪莉桶、重新炙烤的烧酒桶、白兰地桶、龙舌兰桶。最令人兴奋的是另一种原产于日本的橡木制成的木桶，小楢（学名Quercus serrata），这种木桶已经完成试验，成为“成品”木桶；2013年曾推出15年威士忌。

我们走过去品尝现在已经装瓶的酒。由于产量和库存水平有限（目前最老的库存是8年酒龄的），这些酒都是以少量和小瓶的形式勉强维持的。其中主要是单一麦芽（通常为成品），但也有调和威士忌，包括一款有点反传统的酒，里面加了糖蜜烈酒，这意味着它不能被称为欧盟规定的“威士忌”。这些酒全都迅速售罄。

低度葡萄酒在再馏器中沸腾（P188图）。白橡木的威士忌产量正在逐渐增加（下图）

神鷹酒蔵

我问平石他十年后有什么计划。“我想专门生产单一麦芽，因为这是我们生产的代表性产品，但我们必须增加库存。这对我们来说是一个很大的改变。1989年以前都是二级威士忌，我们正在寻找出路。”他又笑了，“你之前问我‘日本人的性格’，我不确定我是否能回答这个问题。”

“你看，在烧酒和清酒方面，我们有一段历史，但威士忌并没有。我们与其他酿酒厂仍然没有真正的交流，因此还在试错中。别忘了，我们开始的时候可是对威士忌一点儿概念都没有。”他又笑了。他的坦率令人耳目一新。

白橡木有一种即兴的气氛，它在用自己的方式做事。尽管现在与秩父和本坊的沟通渠道已经开放，但你会觉得这种方式不会有太大改变。

外面的雨停了，大海的味道扑面而来。海洋有什么影响吗？我问道。“当然有，”他回答道，“东西会生锈。”我们正穿过他曾祖父的雕像，前往酒藏，那里有着令人惊叹的纹理木质外墙。“做清酒的人必须要受过制作啤酒的训练。威士忌也差不多，不过比较好做！如果你通过良好的训练掌握了清酒，那么你就可以制作威士忌。”

平石干郎也是一位伟大的乐观主义者。

白橡木的清酒酒藏（下图）。平石干郎，其家族自1888年以来一直经营着该公司（P193图）

大蔵四番倉

品酒笔记

上图：
白橡木坐落在海边

白橡木的新酒酒体适中，有轻微酵母味的刺激感，之后变为上扬的酯味、一些红色水果和底味中一丝擦亮的黄铜味。口腔里的感觉很干净、甜蜜，最后只有一点烟熏味。过去有限的产量使它们几乎没有多少可利用的，但是装瓶酒的量虽然在本质上是有限的，却变得越来越常见。我造访时喝到了两款，**明石3年威士忌**（Akashi three-year-old，50% ABV）的前味有一种面包般的酸味（可能是新酒的酵母味），带有淡淡的橡木味、梨子味、青苹果味和酸橙味。口感更像草莓，末尾有一层肉豆蔻味。这展现了它真正的潜力。

这款**明石8年威士忌**（The Akashi eight-year-old，50% ABV）是在雪莉桶中陈酿的，呈现出浓郁的干果香味（尤其是枣味）以及一些豆腐味，然后是橡木味。雪莉桶使口感显得相当浮夸，尽管酒质清淡且略显羞涩。一些雪莉桶带来的巧克力味和干烤香料的味道也环绕其中。

从明石到京都

我们打车回到镇上。在那里，要么是因为有了推荐，要么是由于武耕平高度灵敏的感官，我们最终坐在柜台前吃着明石风的章鱼丸子。我喜欢关西特产章鱼烧（takoyaki），一小口章鱼装在一口大小的面糊球里，然后淋上御好烧酱和蛋黄酱，表面有鲣鱼片轻轻摇曳。事实上，昨晚因为我坚持要吃才吃到了一些。

明石的章鱼烧有自己的版本。面糊主要是鸡蛋而不是面粉。没有调味汁，只蘸着高汤吃。蓬松、柔软、温和，只是有点弹性。我变心了。"再来一盘？"我恳求道，但我们必须去京都了。

那天晚上，我遇到了一些老朋友，大卫·克罗尔（David Croll）和他的妻子角田范子（Noriko Kakuda）。享用了一顿非常好的（但没有威士忌的）怀石料理后，我们又找回了状态，进城去找一杯睡前酒。这样的闲逛是我们友谊中的一个主要部分。这些年来，克罗尔和我在这个国家许多偏僻的地方喝过酒；我们一起泡温泉，坐在一起学习清酒，喝威士忌。他现在在京都拥有一家金酒酒厂。真有你的。

他说："我们去和尚酒吧吧。"虽然经营酒吧的和尚似乎与佛教的概念相矛盾，但在本能寺（Honnoji temple）旁边的这家酒吧是日本众多酒吧之一。我和酒吧老板羽田高秀（Takahide Haneda）是在闲卧庵（Kanga-an temple）的一次品酒会上认识的，那里也有一个酒吧。佛教的变通性还真是灵活。

不过，开酒吧确实是一种不同寻常的体验。羽田回答说："我本可以待在寺院里，躲开人群，但我应该努力帮助民众，为社区服务。酒吧似乎是人们来和我谈论他们的问题的最佳场所。"他每天都做一次布道，离开时，客人们会得到一份传单，帮助他们继续与羽田的对话。

我想知道酒精是否一定是帮助人们面对问题的最佳方式，但请记住，虽然这在苏格兰可能不是一个好主意，但在日本似乎非常有效。

大自然

人们很容易被日本吸引。通过凯蒂猫色调的眼镜来观察它，你会看到一个平静和安宁的地方，一个有着樱花和艺伎，崇拜传统的地方，这里一切都是缓慢和礼貌的。日本是一个慢节奏、温和的世界遗迹。在这个世界里，大自然受到崇敬。但现实不一样，艺伎或许存在，樱花也会飘落，不过日本也是一个高度工业化的社会。它的城市是喧闹的，由消费者驱动，街道上挂着电缆，夜晚被呆板的荧光灯照亮。

在这次旅行中，在与任何制造商的讨论中，话题都会转向自然：季节的重要性，亲近它、尊重它，对它反思、受它启发，使用自然产品，如黏土、桑树、水、大麦、木材等。他们遵循俳句大师松尾芭蕉的建议："艺术家的第一课是学会顺应自然，与自然融为一体……了解松树……亲近松树。"

不过也有例外。在日本，自然被驯服、被抹杀，人们与自然保持一定距离。我在知多看过这样的场面，但我知道知多在一个工业区，所以没什么好惊讶的。在白橡木更让人强烈地感受到了这一情况。我和武耕平预期的浪漫外景照片（酿酒厂、海滩、大海，与其他地方的林地照片形成对比）是不可能实现的。因为大海被封锁了，海滩是一片水泥。

我了解海啸防御的必要性，因为我曾经过日本地震后的灾区，那里的城镇变成了柴火堆。在一栋公寓楼的顶层还剩下几辆汽车，一艘渔船停在大街上，还有一滩滩臭气熏天的油污水、倒塌的房屋、随风飘动的破布窗帘。然而，目前用混凝土制成的"四角护堤块"并不能解决问题。

包覆海岸的做法很久之前就开始了。这是日本政府从根本上改变国家命运的一部分规划，但同时也带来了环境破坏。持续了数百年的历程进一步残酷升级，主要是为了击退危险、不可预测的自然。

在《日本与四季文化》(2013年）中，白根治夫写道："(在日本）与自然的和谐共处并不是发自对自然与生俱来的亲近感……而是与次生自然保持密切关系的结果。"想想看，诗歌、茶道、插花、园艺、城市街道上修剪过的树木，所有这些都涉及自然被人类有序编码，设计成一个更好、更干净的模拟物（simulacrum)。

阿图罗·西尔弗（Arturo Silver）在《巨大的镜子》(*The Great Mirror*，收录于《唐纳德·里奇读本》，*The Donald Richie Reader*）中写道："日本人对自然的态度是必须改造它。"也就是说，"我们的自然是艺术，我们要去感知它，然后去改造它"。表面上的国家对自然的崇敬实际上是对一个不可能完美的、被驯服的自然的推崇，而并非纯粹的自然。

自1946年以来，日本已经修建了1000座大坝。如今，日本102条主要河流中只有两条没有筑坝，大多数都淤塞了。新的大坝仍在建造中，尽管其实没有必要。公共工程建设过程中的腐败导致反对意见被无视，而且这种反对意见很少。1997年，《新科学人》(*New Scientist*）报道说，在美国142条较大的河流中，只有3条仍然保留着它们的天然河岸。大多数河床都用混凝土覆盖以防止洪水泛滥，尽管

上图：
日本的海岸线被混凝土包裹着

混凝土加速了水流，的确有助于防止洪水泛滥，同时超过60%的海岸线被开垦。人工林和仅存的原始林之间拉扯战不断。

环境退化无处不在，造成大量物种消失和栖息地流失问题。大自然被封闭在花园和公园里。混凝土覆盖了一切。

野生环境很重要，不仅在生物多样性方面，在人类的心理上也很重要。我们需要混乱无序的地方，需要迷失的地方。自然向我们表明，生活不是可预测的、线性的，而是混乱的、纠结的、充满死胡同和新的景色的。有既定方法很重要，但是灵感和创新只有通过接纳偶然才能获得，这需要你愿意走下安全的高速公路，看看安全区之外有什么。

手工艺与自然密不可分，因为它与自然过程紧密相连，但这种自然的思维受到了威胁。所有的制造商都谈到了这些问题，例如失去兴致、缺乏新鲜血液。手工艺的地位就像日本的环境一样岌岌可危。

回到京都

由于今天的行程只安排了一个下午的参观，武耕平决定向西去看看松野神社（Matsunoo shrine）。他早就不再是“摄影师”了，现在是我的向导、知己、对于我一些离谱的不成熟想法的回应者和朋友。他从一开始就明白这是一场疯狂的追寻，最后他变成了我的一个同伴，无论结果如何。

我们三个看着一个小男孩在主神殿前摆动粗绳，试图让沉重的铃铛发出当当声。我们在这里是因为这不仅是一个主要的神社，在稻米收获和清酒酿造过程的每个阶段，蒸馏师都会前来祈祷（没有威士忌蒸馏师专用的圣地；威士忌在这个领域太新了，所以他们倾向于去清酒的神社）。还有一组1975年由重森三玲（Mirei Shigemori）设计的一系列非同寻常的花园，遵照我对荒野和次生自然的不满，这个场地给人的感觉仿佛回归了山野。

传说松野建于701年，当地一位藩主看到一只乌龟（长寿的象征）在一座泉水里喝水。对岩石、瀑布和水的崇拜可能早于此。好水意味着健康，是清酒酿造、味噌制作和农业发展的优质原料。从某种意义上来说，这个神社是日本历史的一个缩影；花园古老而荒凉，岩石宛如山顶；这里有一条蜿蜒的小溪，蜿蜒流过岩石和杜鹃花，代表着平安时代（794—1192年）的优雅和创造力的顶峰；还有一个凤凰形状的水池，在某种程度上代表着昭和时代（1926—1989年），里面巨大的岩石靠近喷泉，象征着岁月和永恒的青春。

我更感兴趣的是那条小路，它穿过鸟居门进入树林和山腰，离开了人工控制的环境，一直到瀑布处结束，据说乌龟就住在瀑布脚下。石灯笼上覆盖着厚厚的苔藓，乌鸦在树上啼叫，小蘑菇从树皮的缝隙中发芽。这个地方是存在的，且宗教感没有那么强——就我所知，神道教避开了过度的宗教感。它就在那里，发出来自灵魂和神明的无人能听到的低语，它支撑着生命，确保一切继续运行。这里似乎是一个特殊的地方，元素以某种正确的平衡结合在一起，相当于一种重新校准。

我们回到市区去见大卫与范子，去赴清课堂（Seikado）之约。

P199图：
松野神社蜿蜒的河流

锡器

我绝对信任克罗尔，也更信任范子，所以当她说她找到的一个锡器作坊符合工艺要求时，我很乐意拜访，尽管我不太确定会发生什么。在英国，除了满是灰尘的老酒馆里满是灰尘的旧啤酒罐，没有多少锡器。它的时代似乎已经过去了。

清课堂（Seikado）的商店和车间位于京都的中心，在寺町路（Terammachi-dori），这里是这个地区的中心。在一个以保存传统日本最精致的东西而自豪的城市里，似乎鲜少有其他的关注点。我们走过旧书店、一个竹艺作坊，以及出售茶道用品的商店。我买木刻版画的西春（Nishiharu）就在这条街上，而京都最著名的荞麦面屋“河道屋”（Kawamichi-ya）就在一个街区之外，还有非常优雅的柊家（Hiiragiya），这座城市最好的凉亭。如果邻居都是这样，想必清课堂也足够特别。

进去的时候整个商店都在闪闪发光，有精致的烧瓶和水杯、碗、茶罐和花瓶。店主山中源兵卫（Genpei Yamanaka）从里屋出来。他很年轻，剃着光头，目光犀利，穿着宽松的工作服。180年前这家店就建在这个地址，他是第七代传人。

他解释说，锡器是在6世纪至8世纪从中国传入日本的，直到1867年德川幕府末年，都只有富人可以使用。“我们从这个过渡期开始发展，所以一直生产一系列多元化商品，从神社和寺庙的物品到茶道和清酒器具。”

“传统上，锡器是用来温清酒的。虽然酒是酸性的，但锡器永远不会生锈，所以它比其他金属更合适，还能让清酒更香醇。每种金属都有自己的气味，尤其是温热的时候，而锡器的气味与温热清酒的气味很搭。”

我通常不觉得金属有气味，但我会回忆起一些古老苏格兰威士忌中沉闷、苦涩的气味，让人想起旧铜币，还有钢矿物质一般锋利的刺激感。也许那些老家伙选择锡器马克杯装他们的麦芽酒是因为锡的品质，而不是因为它们便宜。我决定试试锡器是否也适合威士忌。

锡的优点是可塑性极强。它的熔点很低，所以容器可以通过倒入模具或锻造来制造。当两个边缘被锤打在一起时，它还具有独特的“焊接”特性。

山中蹲在一个用作工作台的树墩旁边，拿起一个三角形的小块。“你看，你可以用锤子和木桩来塑形。当你锤打时，锡器会变得更硬。”他拿起一把圆头锤子，“现在你可以用这个增加一种不同的质感。”他捶打着锡器，做成了小小的月球形状。他拿起另一个工具，工具末端进行了点刻处理，“现在我可以雕刻，或者用这个工具来做出这种效果。”——透明的表面现在覆盖着线圈和波纹，就像威士忌加水时的视觉效果。

他的一个学徒正在默默替一个清酒瓶收尾。山中说：“从开始到结束大约需要四天时间。一个杯子要做两三天。”

学徒要多长时间？“我和父亲学了10年。”会有年轻人加入吗？“我们有五个学徒，四个是20多岁或30出头。一个是70岁。”有多少工坊是这样的？“日本吗？日本可能有十个制造锡器的地方。不过，没有一个和我们做法一样。”

在这样的情况下锡器会走向消亡吗？他用平静的目光注视着我。

“就日本传统工艺而言，锡器是小规模产业。而光京都就有100个陶工！实际上，我觉得陶瓷有点落后于时代，创新速度没那么快。”

所以改变是必需的？

“这很重要。我们不得不在经营方式上作出重大改变。我们过去只通过零售商销售，然后是百货商店。现在只通过这家店和网络进行销售。我们可以瞄准特定的市场，利润更好。”

那样的转变困难吗？

“的确有人抱怨，但这有商业价值。我们必须改变，设计也必须改变。消费者的口味变化更快，因此产品周期也应更快。我们必须在与时俱进和尊重传统之间取得平衡。那种纹理效果其实不是传统的。清酒也变了；它曾经是温热的，所以容器很小。现在一般都是凉的，所以只好重新设计酒器。要有耐心去做这项工作，也要愿意慢慢推动传统向前发展。”

我们回到商店。他拿起一个烧瓶，似乎在掂量它的重量，他微微点头说：“重要的是手感。”

他当然是对的。手艺不仅仅是用眼睛来衡量的，还是用手、鼻子、味觉，也可以说是用心感受的。它是功能性的，因此需要人的参与。越是被推向边缘，它就变得越孤立，它的未来也就越濒危。旅游

上图：
山中源兵卫，锡器艺术的保存者

业和出口产业，以及日本在海外的形象和声誉拯救了日本工艺品。

工艺存在于每个国家和文化中。日本制造商感受到的压力与任何大规模生产和痴迷于新技术、边缘化传统技术的地方一样。这也不是什么新现象。英国工艺设计师威廉·莫里斯（William Morris）在19世纪就与之抗争过。那么，为什么手工艺现在如此重要？为什么在日本如此重要？它很重要，因为它让我们可以拥抱创造的理念、自然世界、关爱与耐心以及慢节奏的益处。

这在日本很重要，因为尽管日本人对自然具有超然的看法，但从他们的角度来看，复杂性是不可或缺的，也许这是潜意识的观念。在这里，手工艺的影响超越了“单纯”的制作，创造了一个无处不在的完整美学，从字体到商店展示、从商品的包装设计到交出信用卡或收到零钱的方式，这一切都基于工艺的方式。它存在于气味、风味和口味之中。

对工艺世界的探索在京都结束也许正是恰当的，每次参观这座城市都让我更喜欢它，因为每一扇门的打开都意味着一个全新的世界。在京都的一天可能会向任何方向发展，可能以哪个艺伎和她关于土豆的问题结束，或者在华丽的摇椅酒吧（Rocking Chair）里啜饮鸡尾酒。你可以在一家以色列人经营的酒吧里喝氧化清酒，或者在卡西莫多酒吧（Bar Quasimodo）喝一杯由自学成才的退休蔬菜水果商调制的曼哈顿酒。这一天可以用来“倾听”熏香，可以在无尽的寺庙里漫步，或者在箱子里挖宝。今晚可能是爵士乐，也可能是禅宗。京都比大阪和东京更内敛，但并不无聊。

“我们出去吧，”武耕平说，“我带你去几个酒吧。”于是，我们又开始潜入京都这座城市中鲜为人知的地方。第一站是文久酒吧（Bar Bunkyu）。我们

上图：
在锡器上创造纹理

沿着一条黑暗的小路走到一个有一张大桌子的房间，这张桌子大约可以容纳12个人。没有展示任何酒瓶，没有菜单。如果要点饮料，调酒师就会走到后面，拿出他需要的酒瓶，调制饮料，然后再次把酒瓶藏进看不见的地方。到那时，你已经和桌子周围的人聊开了。这很不日本，也非常不符合京都的形象。

还有时间去另一家酒吧“和”（Kazu），它在临街神社对面的一栋破旧建筑里。你不会知道顶楼没有标记的门后面有什么。蜡烛的火焰在木制品上照出星光。这就像苏活区（Soho）老旧地下室的“俱乐部”，也像一切都被中产阶级化之前的下东区非法巢穴。这里有极简的科技音乐和上等威士忌。我们可以好好放松一下了，“和”凌晨5点才关门。

最后一条路若隐若现，向北延伸。

上图：
一系列锡制清酒酒器

侘寂

老实说，我很想避开侘寂这件事，因为我觉得把这个概念硬塞进威士忌太难了。素雅这个说法似乎更自然。尽管如此，侘寂还是一直困扰着我。为什么？“太难了”是标准的回答，再吸口气，然后微笑着摇头。我的朋友真希（Maki）曾经指出过闲卧庵花园里的一棵树。“看到树叶是如何晃动的了吗？那就是侘寂。”我明白了。然后别人说了一句好像完全相反的话。

也许这是日本人永远不会理解的事情之一，也许没人知道。侘寂接近素雅，但从我的阅读来看，它更多地与岁月有关，或者更确切地说，与时间流逝的本质以及那种低调、谦逊、优雅的简单有关。你懂了吗？太不容易了。

不管怎么说，我在清课堂拿着一个简单而普通的日本清酒壶，是山中的祖父做的。它有一种温和的重量感，带有暗淡的，几乎是蓝色的铜绿。表面的凹痕有抓握的痕迹，或者是在久违的饮酒之夜磕碰而形成。你几乎能感觉到酒壶表面曾被老人握住的温暖。它的内部在发光，好像它吸收了光之后又退回原来的位置，静静地躲在阴影里。我看了看武耕平。“这就是侘寂？”他点点头。山中说：“是的，他喜欢这个，这就是侘寂。”那你的作品呢？山中笑了：“也许得等到一百年后吧。”

我把酒杯递出去，他用手指在表面上滑动。“使用锡意味着会有凹痕，但如果这是由铜制成的，它就不会像这样老化。它有岁月的触感，对岁月的尊重，让我想起了我的祖先。”

看着它，我想起了谷崎润一郎1977年对日本美学的赞歌《阴翳礼赞》（*In Praise of Shadows*）中的台词。他写道，“我们发现很难真正在家享受那些闪闪发光的东西。只有当（银色）光泽已经消失，当它开始呈现出一种黑暗的、冒烟的古铜色时，我们才开始享受……那是一次又一次被触摸之后产生的光泽……美不在于事物本身，而在于一个事物与另一个事物共同所创造的阴影、以及彼此映射而产生的光影。”

那个酒壶就有这种质感。

先做一个深呼吸，接下来是我对侘寂的看法。侘寂是指通过接纳自然过程中的不可预测，来欣赏事物的粗陋与本质。正如谷崎润一郎所写，它存在于阴影之中，并接纳阴影。它颂扬与众不同的美丽、简单；它意识到瑕疵是美丽不可或缺的一部分，因为它们表明了对时间流逝的接纳。侘寂对此进行了反思，并看到了落叶或花瓣中的喜悦，这种季节结束时的苦涩仍是一种积极的品质。问题是，威士忌有吗？

并不是自然而然有的。不是说每一种威士忌都到了25年历史时，侘寂就会自然而然地出现，有一些东西以某种方式延续了它们的历史：味道没有变得更重，或是变成更浓的木质味，而是演变成芳香

纯净和深沉的东西——树脂和新鲜水果、蜂蜜和抛光木材。那些威士忌诉说着逝去的时光，这是有迹可循的。

我想到了大阪的峡谷对感官的冲击、日本的多功能厕所（哦，家里要有一个Toto牌马桶！）、对卡哇伊的痴迷、猫咖啡馆和嘈杂的广告牌、低级的电子噪音以及早上5点开门的宠物店。侘寂在这片令人上瘾的、疯狂的、永不言败的土地上去了哪里？也许它存在于那些宁静的酒吧中，在被现代生活霓虹灯照亮的岩壁里的冥想洞穴里，在那里你可以啜饮一些内涵在闪闪发光的东西，那是时间的象征。

上图：
山中的祖父做的酒壶体现了侘寂

余市蒸馏所

从京都到札幌

我和武耕平该和勇贵说再见了，我们又错过了早餐，急着去看看天龙寺（Tenryu-ji）的石头花园。苔藓的阴影和纹理构成了岛屿，松树挺立，棋盘或隐或现。主花园里有着横卧的岩石，地面上的圆形图案像雨滴一样，仿佛思想的脉冲和能量波。一切都是运动和静止，沉思与创造共存。

没时间多想了。我们坐火车回京都，坐公共汽车去大阪，然后坐飞机去札幌，在那里我们遇到了一甲的梶裕惠美子（Emiko Kaji）和首席调酒师佐久间正（Tadashi Sakuma）。入住酒店后，武耕平和我绕着城市宽阔的街道网格又做了一次快速定向冲刺，进入市政厅，寻找北海道原住民阿伊努人的一些资料。结果什么都没发现。

官方说法是北海道在19世纪70年代才有人定居。直到18世纪末，它甚至都很少出现在日本地图上。那时只有一张南方海岸的草图，其余的都是空白。那是虾夷（Ezo）或者更有诗意的雁道（Kari no Michi）。

几千年来，这里一直是古代亚洲阿伊努人的家园。北海道是日本的边疆，移民者与土著人相遇，改变了地形，引入了可耕地、牧场和奶牛场。阿伊努人带着他们对一个相互依存的世界的信仰，在这个世界里，神、动物、植物和人类平等地共享同一片领土，然而移民者不断前进，后来原住民几乎从这里消失了。

北海道拥有古老的水楢木、紫杉、柏树和雪松，富饶的海洋、猫头鹰、丹顶鹤、熊、火山和厚厚的积雪，这里被视作一个充满机遇和开发空间的地方。像沙漠、西海岸、南北极等许多边缘地带一样，它吸引了梦想家和出世者（现在仍然如此）。这个

78500平方千米的岛屿仍然只有500万人口，它有充足的空间，可以自由呼吸、思考和做梦。

在这里，我们终于可以与日本威士忌的最后一位创始人竹鹤政孝一较高下。这位才华横溢的年轻化学家被派往格拉斯哥寻找威士忌的秘密，还带着一位苏格兰妻子回来了。他和鸟井信治郎曾经是伙伴关系，他因为朝圣或是逃离或是自我放逐（我仍然不确定是哪一个）而来到北海道，在这里创建了一甲。

我想试着理解他的思路，找出他为什么会在这里创建一甲、他的愿景为何与鸟井不同、他对苏格兰的依恋，以及他是如何慢慢地挣脱出来的。但那是明天的事了。

“吃点东西吗？”武耕平问道。

“我们不是要去吃晚饭吗？”我回答道。

“是啊，不过有个特别的东西应该尝尝，就来一盘……”我们走进一家现代化的小餐馆。两个碗盛了一些清淡的调味汁，颜色是明亮的绿色，带着质地细腻的肉质感。他说，“我们叫它gutsu，这是牛的肠子，生吃的。”我的眉毛一定是挑了一下。“肯定是干净的。”他向我保证。不是开玩笑。

我们与英国广播公司的一个电影摄制组碰头，他们正在制作一系列关于苏格兰历史的节目。当我们和我们的东道主坐在一起时，他们冲进来了，还有主持人，苏格兰表演传奇人物大卫·哈曼（David Hayman）。他喊道：“《每日记录报》（*Daily Record*）宣布苏格兰独立了！”那时我还沉浸在英国退出欧盟的故事中，我终于意识到我已经变得多么的与世隔绝。我赶快打电话回家，试图安慰我的女儿和正在寻找爱尔兰祖先的妻子。我需要回去了。

我们的宴会配有一甲黑标的高球威士忌。“调和威士忌？我是不会喝的。”海曼说。饭后，我带他们去位于札幌主要十字路口的一甲酒吧。有单一麦芽、调和麦芽，还有（因为我很固执）一杯原桶直出的高球威士忌。我会让那个家伙信服的。“这是调和威士忌？”他说，“哇，真不错。”日本威士忌的声望从这些小小的胜利中被建立起来。

北海道：热闹的欢迎（P208图），札幌无处不在的电视塔（左上图）和周围富饶的海洋（右上图）

余市

第二天一早，武耕平和我去了海鲜市场，但不像原来东京的筑地市场，你必须从远处观看拍卖。然而，这里也有餐馆，这意味着我要遵守在秩父对门间女士做出的承诺——吃蟹脑味噌。最绝的就是“蟹脑”，这是一种来自海洋的精华。还有毛蟹、海胆（北海道的海胆很出名）和鲑鱼子。这是一顿顶级早餐。补充过元气后，海洋的味道弥漫在我们的脑海里，我们准备好了向西行驶。

海岸不会慢慢出现，而是在隧道的尽头突然跃入眼帘——灰色的海洋、陡峭的悬崖，一排排山脉慢慢地延伸至海浪，光线明亮、感觉凉爽。穿过小樽、余市和酒厂，那里有城堡式的石头门楼，景色再次突然变得开阔。左边是低矮的酒厂建筑，对面是红色的屋顶，巨大的窑顶是宝塔形状。

导游拿着扬声器四处游荡。时间还早，但是停车场已经挤满了公共汽车。2014年，日本最大的电视台NHK开播了一部为期40周的晨间剧（时长15分钟），该剧名为《阿政》，改编自竹鹤和妻子丽塔（Rita）之间的爱情故事。剧中的“阿政效应”让一甲的销量飙升，库存水平跌至低谷。2015年，100万人访问了该酒厂。

余市是许多威士忌人的起点。它制作的第一杯威士忌参加了2001年《威士忌杂志》(*Whisky Magazine*）的盲饮竞赛，最终获得了“最佳威士忌奖”(Best of the Best)，成为全场比赛的大赢家。这可能是一个小事件，但其影响是巨大的。它让威士忌界对日本刮目相看；更重要的是，这给了日本酿酒商启动出口战略的信心。

这种威士忌对我们所有人来说都是新的尝试，味道如此熟悉却又如此不同，是一种混合，也是一种改写。有烟熏味，没错，但是它和油脂结合的感觉有所不同：前味明亮浓郁；味道呈现得井井有条。它丰富而深邃，但同时又清晰而凉爽。我们并不了解多流调和（Multi—stream blending，译者注：简称MSB，是专为软饮料生产而设计的原则，即浓缩糖浆、水果风味、水以及其他成分的多“流”混合），但只是尝了尝就被它迷住了。

在开始四处参观之前，让我们先试着了解一下竹鹤。要读懂他的思想，我们还必须看看一个具有传奇性质的故事配角，也就是丽塔，她不仅仅是“妻子”，还是故事的核心。

她有良好的教养，受过高等教育。她的姐姐在学习医学，已故的父亲是一名医生。但由于她的未婚夫在第二次世界大战中去世，丽塔本来可能会以格拉斯哥中产阶层的身份度过一生，成为照顾年迈父母的未婚阿姨。也许，竹鹤是她人生的第二个机缘。

晚年，竹鹤写到了他为了婚姻留在苏格兰。而丽塔的回复是，他的梦想是在日本制造威士忌，所以他们应该回去。这段婚姻告诉了我们什么？他们彼此相爱，任性、独立、冲动、叛逆。

他，或者说他们可以为日本带来根本性的变化，他也的确做到了。1934年，本想打造日本首屈一指的威士忌酒厂的竹鹤被降职为寿屋酒厂的负责人，所以他辞职了，一家人搬到了北方，在遥远的西北方余市建立了后来的一甲。部分资金来自两位大阪的投资者，他们是一对中产阶级夫妇的父母，丽塔曾教过他们的孩子学钢琴。他们组成了一个团队。

但是为什么选在这里？这里有很好的农业用地（尽管生长季节很短），石狩盆地（Ishikiri Valley）有泥炭，水资源丰富。这里还产苹果，他的第一个企业叫大日本果汁公司（Dai Nippon Kaju），以免得罪鸟井。其中的NI和KA之后变成了20世纪50年代的公司名称。

但是为什么要在冰冷的大海旁、紧邻渔船建造余市蒸馏所呢？我们知道，这与他的一个投资者在镇上有关系，但选择这样一个地方似乎就像他在建立一个理想中的苏格兰。他和丽塔在苏格兰最快乐的时候是在哈泽尔伯恩的坎贝尔镇。也许选择这个位置在某种程度上是给丽塔的礼物。这不是最明智的建造地点，因为它到市场的距离远得超乎你的想象。对我来说，这是竹鹤浪漫性格战胜务实的证明。

下图：
余市巨大的熏窑建筑——现已停用

这就是为什么我不完全相信他选择它仅仅是因为它是他能找到的离苏格兰最近的地方。自19世纪中期以来，苏格兰的酒厂就建在公路、铁路、轮渡港口和港口旁边。为了酿造私酒而把酒厂建在一个隐蔽的地方，或者建在靠近农作物的农场里，这种日子早已一去不复返了。人们对地点的选择已经形成了不同的判断标准。交通便利是关键，他懂得这一点。

本州有泥炭，可以种植大麦，有水，也有市场。北海道的气候不同，但这真的是人们搬到这么远、这么北、这么西的唯一原因吗？

我们现在在（已废弃的）窑里。“我们还是采了一些石狩盆地的泥炭作为展示。”佐久间正说。我们看到巨大的泥煤板堆在一起。“它在20世纪70年代停用了，当时市场增长过快，我们无法在现场烧制所有产品。”今天，余市主要使用三种风格的苏格兰麦芽（来自不同的发麦厂，使其本身增加了变化）：无泥煤、中泥煤和重泥煤。在典型的日本风格中，它们以不同的比例混合，以产生更广泛的风味可能性。

我看着这个建筑。每个窑可处理一吨泥煤，但需求量要比这大得多。要么是因为预期产量会增加，所以才建造的（但佐久间正说他们应付不了），要么是因为屋顶高，空气流通性更好，可以提高对熏烟的控制。这是一个建立在传统和多样性基础上的酒厂。

那里有一台新的布勒研磨机，但延续传统的地方是那老式的耙犁式糖化槽（容量为4～6吨）。“一位老人告诉我们，竹鹤说过，麦芽汁必须

本页图：
竹鹤的回忆

To my Dearest Wife
Rita
from your loving
Husband
Massan.
12th March 1929.
at Tokyo.

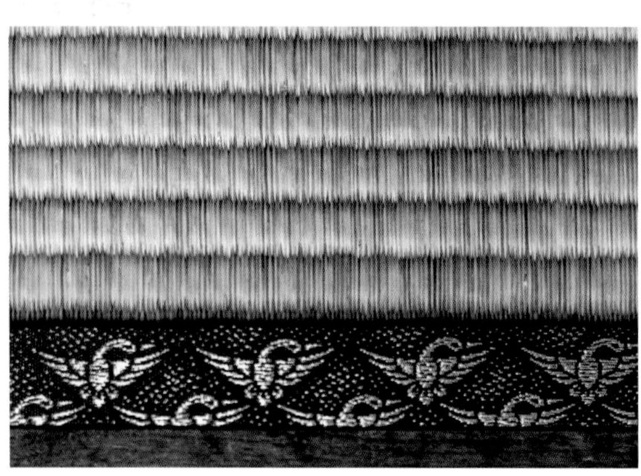

上图：
竹鹤政孝的雕像仍然在看着他的第一家酒厂

清澈，酵母必须是啤酒酵母。”佐久间正说，“这些是我们发扬光大的基本原则。”他们带着竹鹤的祝愿继续前行。在这里，改变是逐渐地适应，而不是激变。

清澈的麦芽汁是关键。耙犁式糖化槽有弯曲的臂（耙子），它们像狗爬式的游泳者一样在糖化液上耙过。这会搅动滤层，增加了大麦外壳通过的可能性，坚果谷物味就此出现。

“我们循环第一批水，从而实现双重过滤。”佐久间正解释道，他使用了一个和火星信州类似的监视窗。他一边示范一边说，“要清澈到足以看见你的手。”

尽管目前只使用了6个糖化槽，但这里一共有20个。发酵过程长达5天。“因为有乳酸菌的缘故，这个时间正合适。3天后，乳酸菌开始增加，随着酯的产生，pH值降低，这对蒸馏很重要（pH值越低，酒汁越酸，有助于清除铜和较重的元素）。氨基酸的平衡也发生了变化。发酵的时间长度也取决于我们选择的酵母。”

P215图：
余市可能是世界上最后一家拥有燃煤蒸馏器的威士忌酒厂

“我们使用竹鹤的原始菌株，还有一种艾尔啤酒酵母，还有马利（Mauri）的蒸馏用酵母。竹鹤可能会使用札幌啤酒厂（1876年开业）的啤酒酵母。这些可以单独使用，也可以组合使用。”选择更加多元化了。

余市可能还有在世界上任何其他酒厂都无法看到的一面，这又要说回竹鹤的指令。余市的蒸馏器坐落在一个高高的、砖砌的平台上，下面是烤箱，旁边放着一堆煤。蒸馏器不是直燃的，而是燃煤的。

佐久间正说：“我们不想改变质量，煤火对酒体很重要。如果我们使用另一种火，热量就会保持稳定，这是关键。”煤火不可预测、难以控制，会使蒸馏器的基座上产生更多热点，温度在800℃～1000℃。如果处理得当，会使酒汁在热点凝聚，产生浓郁的烘烤味。不过，如果黏住，它就会烧焦。相对于方便控制火候的燃气来说，烧煤意味着蒸馏师必须实时监测火候的大小。“火”有助于创造余市的品牌深度，林恩臂陡斜向下的角度与虫桶也是如此，既限制了铜的转化，又将馏出物推向厚重、油润的方向。

蒸馏室的作用是加强那些因长期发酵和清澈的麦芽汁而产生的水果风味。角落里还有一个壶式蒸馏器。佐久间正说：“这曾经是唯一一座蒸馏器，竹鹤政孝用它来蒸馏糖化液和酒精，直到1966年第一次扩建。”事实上，这座蒸馏器可能会再次投入使用。

他补充说：“余市应该忠于传统。宫城峡使用的是现代的方法。我们必须把二者区分开来。”这是从调酒师的角度来说的。此外，通过利用不同的泥煤度、发酵时间、酵母组合和分酒点，还产生了多种品类，用于调和威士忌和麦芽威士忌：较轻盈风格的分酒点较高，而较低的分酒点用于获得较重的酚类物质。仓库里有新橡木桶、波本桶、邦穹桶、再碳化木桶、初填雪莉桶和二次装填桶。这些选择再一次体现了多样性。

北海道漫长酷寒的冬天和温暖的夏天也影响了熟成和风味的形成。然而，气候对竹鹤的思想还有什么影响呢？

我们在他和丽塔住的房子周围散步。这情景就好像他们只是出去了一会儿：厨房里的泡菜坛子、衣柜里他的衣服、书架上的书。其中一个房间就像我的在珀斯的未婚姑妈的房子，里面有钢琴、旧的棕色家具、厚厚的地毯。隔壁是经典日式房，有着木地板、榻榻米、矮桌。日本人的感性，再加上对苏格兰的羁绊，这种分裂无处不在。这里还保留了他对老师的敬意。

一甲的商标是一个戴着羽毛帽子的中世纪小伙子，意在代表威廉·佛奥·劳里（William Phaup Lowry），19世纪苏格兰的头号调酒师，他曾资助威廉·布坎南（William Buchanan，黑白调和威士忌的创造者），后者拥有雪莉桶做法的专利权。是他给了竹鹤灵感吗？1925年，当竹鹤在山崎的第一次蒸馏失败时，他回到苏格兰向他的导师彼得·英尼斯（Peter Innes）寻求建议。他身在北方，却总是向西看。

NO 4
NO 3

上图：
“如此清澈，你可以看到你的手”——糖化槽的监视窗

对我来说，竹鹤来这里不仅仅是因为这里条件完美。他不是来避世的，而是为了有空间来完成他的蓝图；来深入思考他的“日本性”意味着什么；思考鸟井希望威士忌更加清淡的愿景，以及那样的观念与他导师的教诲有何矛盾之处。这种方法上的差异帮助创造了日本威士忌这一类别。北海道成为一个积极的参与者，这要归功于它的地理条件和空间的影响。有时候，为了创新和推动事情向前发展，你必须远离常规，走入无人之境。这就是想法的源泉。

我们去另一个房间品酒，进一步交谈。一甲将其麦芽风格分为不同的口味组合，每一种也可以是不同风格的混合。品酒是一个可以从调酒师的角度看余市威士忌的机会。三种风格，对吗？佐久间正微笑着。“其实比这个多。”我就知道。

12年酒龄的木质调和香草（Woody & Vanillic）是以淡麦芽为基础，在处女橡木猪头桶和邦穹桶中陈酿而成的。这就像是一杯热带水果，但余市强烈、油润的优雅感有助于平衡新橡木的影响，虽然其松脂味和雪松味与上述香草味并存。这样的清澈度和强度说明它是属于日本的。“这种水果味是调和的关键因素。”佐久间正说。

接下来是雪莉和蜜糖（Sherry & Sweet），同样是12年酒龄，也是以淡麦芽为基础的。这款酒烟雾弥漫，伴随着杏仁状的阿蒙提拉多（amontillado）雪莉桶元素和干果味，但是余市令人陶醉的油性就像蜂蜜一样，给木桶中的美味元素增添了一丝甜味。它柔软、油滑，有味噌一样的深度。

这种油性赋予余市与其他日本威士忌不同的口感。它潜藏其中，时而危险，时而舒缓宁静。我问佐久间正，质地有多重要？

“每个酒厂都有自己的风格：有时浓烈，有时带有水果味。所以我们在评价或者调和的时候，不仅仅是依靠嗅觉。我们会品饮，找出那种质地。闻很重要，但威士忌是用来喝的。”

我们正在向宏大的目标努力。泥煤与海盐风味（Peaty & Salty）是许多麦芽威士忌爱好者对余市的认知，尽管这款单一麦芽威士忌是由许多不同的成分调和而成。主要是重泥煤，混合了一些轻泥煤，大多在受木质影响较小的桶中陈酿，即那些再碳化、重组桶或二次装填桶，但也会看情况增添一些新木材。

这款酒再次变得丰富而有力，带有冬青树、蜡皮、毛皮大衣的味道，以及通常来自雪莉桶的大豆成分。口感充满烟熏味、煤尘味、薄荷味、新鼓味，以及香料和胡椒味。

这是余市对苏格兰最公开的敬意，有点像雅柏（Ardbeg），但其实更接近坎贝尔镇的云顶的复杂度。然而，在苏格兰没有一样东西有同样的油润感，水果味，以及这种强烈的升腾感。

下图：
一甲威士忌背后的创新者佐久间正

PRODUCED AND BOTTLED BY NIKKA WHISKY

P218图：
造型有点奇特的W. P. 劳里看着蒸馏器

“这只是一个小系列，”佐久间正说。“我们正在制作泥煤味、雪莉酒味、水果味、麦芽风味（是的，我们有时会使用混浊的麦芽汁）和木质风味的酒。还有不同的泥煤度、不同的酒龄和不同的木桶，然后就可以调和了，”他笑了，“这很复杂。”

你如何将这些味道定义为日本风格？“我们依然在向苏格兰威士忌求学，”他回答道，“这就是竹鹤教授的方法。他漫长的一生、他的个性和口味都影响了他制造的威士忌。他没有着手制造‘日本’威士忌，他一直想做的是他自己的威士忌，这就是逐渐形成的风格。我们做的每一件事都来自那个愿景。”

“竹鹤教授的威士忌在某种程度上延续了‘苏格兰式’传统，但我们是在一个酒厂尝试不同的风格。我们使用不同的酵母，并在其他方面进行实验。我们一直在探索创造不同的特质。最后，我们在日本找到了！这里的气候不同，所有这些都赋予了我们独特的个性。”

我想起了创立这个行业的两个人：对选址和千利休式的原则始终坚持的鸟井和对老师们满怀敬意（这是日本对手艺的态度）的竹鹤，而他的老师们碰巧就是在苏格兰。毫无疑问，最初他试图做老师们传授的东西。然而，在北海道的荒野中，他找到了自己的味觉、自己的思想，这里的环境使他踏上了那条人迹罕至的道路，进入了新的世界。日本及其各种条件对此产生了影响。

酒厂的封存和“阿政效应”的影响导致一甲收回了所有的陈年威士忌。余市系列被一个单一的无年份产品所取代。

品酒笔记

余市单一麦芽（45% ABV）可能会让一些酒厂的老追随者感到惊讶。烟熏味和雪莉桶味一样被调低了，但有一种淡淡的艺术气息，佐以榛子的味道。口感有轻微的泥煤味，但此时的余市正享受着夏日的阳光，而不是那个在冬天的暴风雨中嚎叫的余市。伴随着酒厂的油味，烟熏味微微显现在味蕾上，使其没有成为一种温和、甜美、柔和的威士忌。

虽然有年份的威士忌已不再出售，但有些可能会出现在不知名的商店、拍卖网站或酒吧里。我建议你看看这个**15年威士忌**（45% ABV），对我来说，这款酒展示了酒厂五花八门的特征。浓厚的油味，带着丁香、桉树和一丝咸味，慢慢变成烟熏味、雪茄盒味和胡桃木味。**20年威士忌**（45% ABV）的烟熏味甚至更浓，还有更多的亚麻籽油元素。

一甲推出了许多单桶和老式瓶装的余市葡萄酒。就在我写这篇文章的时候，附近有一款**1988威士忌**（**2008年瓶装**，55% ABV），满是雪莉酒、糖姜、果酱、烟熏黑橄榄和旧皮革味。这是一种可以用作药酒的威士忌，不过也没事，因为这是我喝的最后一瓶了。

实际上，有一种陈年麦芽威士忌保留了下来——**竹鹤政孝17年威士忌**（ABV 43%）。这款调和麦芽威士忌，使用的威士忌来自一甲的两家麦芽酒厂，它展示了调和师的技艺和这些成分的复杂性。一甲的风格可能比三得利更大胆，但它仍然保留着非常具有日本风格的香味和浓郁的芳香。你可以在其中感受到塞维利亚橙、李子、苏尔塔纳和一些木瓜酱的味道，还有雪茄味，似乎是一种家庭风格。一些淡淡的香草味使舌头变得光滑起来，之后袭来的便是酸石榴和黑莓混合在一起的味道，然后是苦巧克力味。

本页图：
余市单一麦芽威士忌在各种各样的木桶中陈酿，非常复杂

札幌

从酒厂排出来的水溢过苍白、光滑的花岗岩。我俯视着蓝色的海洋和红色的屋顶，这是一个被遗忘的小镇。我又把杯子倒满，酒液在流动，杯子里的花是新鲜的。我们拿起一杯威士忌，倒在坟墓上，空气中弥漫着烟熏和水果的味道。就连乌鸦也沉默了。“我们相信他们在庇佑着我们。”惠美子说。我们向阿政和丽塔鞠了一躬，然后下山了。

那天下午，我用手指抚摸他粗糙的棕色粗花呢夹克，摸着书，描着他的签名和充满爱的信息，挑起榻榻米边上相连的竹子与鹤。他们的一生都在两个世界之间度过。她死后那些年，他思考了什么？他选了哪个房间？地板还是扶手椅？英语书还是日语书？他能听到她的手指在按键上发出的声音吗？房子比威士忌更能说明男人，在这里你可以看到爱情、关系、两面生活、传说背后那个真正的男人。

他是成功了还是失败了，还是比这更微妙？他头脑中那个最初的失败品实际上是一个巨大的成功吗？如果他没有改变，如果他留在山崎，没有来这个地方，威士忌又会走向何方？

在日本生产苏格兰威士忌的意图随着时间的推移而改变。当然了，这是世界上任何地方都会发生的事情，这里比其他任何地方都更有力量。来到日本的一切事物都会发生改变，而且是完全的改变。威士忌永远在变化，气候、心态、文化都会对其产生影响。

那天晚上，我们吃着雪花牛肉，喝着一杯余市，然后去了令人难以置信的黑暗酒吧一庆（Ikkei）。酒保很高兴展示老一甲那些名不见经传的库存——苦艾酒、三维标签、一甲武将威士忌（Gold & Gold）、伊达威士忌（Da-te）、康奈辛（Connexion，加拿大和日本威士忌的混合物）——“我最先喝的一杯威士忌就是这个。”佐久间正说道。奏乐威士忌（Super Session）是一种由黑麦、麦芽和科菲谷物制成的“三元调和威士忌”；Yz威士忌，看起来像20世纪70年代的清洁产品；然后是No Side 900威士忌，这是一甲对Q1000的回应；还有News威士忌。你们的策略是什么？我问。“没有策略，”惠美子大笑。“在20世纪70年代中期，策略就是‘尽可能多地出售威士忌’。然后想尽一切办法让人们感兴趣。”

这是一个再次寻找新方法、新方向的行业。在人人渴求的没有痛苦的岁月到来之后，恐慌出现了，而最后拯救他们的是旧原则的平静之心。他们再次跟随北方的大雁来到北海道，回归思考和创造。

宫城峡蒸馏所

从札幌到仙台

那是一次短暂的北海道之旅。总有一天我会好好探索那里，希望下次能去厚岸，这样我就能看到东海岸。然而现在，我们正回到南方。飞往仙台，乘巴士到宫城峡，再回到仙台，搭新干线回到东京，然后回家。

这次旅行的最后一天突然就这样到来了。武耕平和我已经陷入了某种幻觉中，觉得这条路似乎在往前无限延伸。旅行成了我们的生活，充斥着火车、飞机、汽车、酒厂、神社、水、山。当我们旅行的时候，新的酒厂正在计划和建立的消息不断传来。我们可以继续旅行，我们充满动力，不过现在不行。

我们在机场遇到了英国广播公司的工作人员，他们正在处理设备，与稍微有些顽固的值机人员纠缠不清。他们正前往塔斯马尼亚，看看威士忌另一个新领域的进展。威士忌将有自己的创建神话、初期问题和缓慢的风格发展。日本的地理位置将会对其产生影响，就像葡萄酒文化和澳大利亚威士忌饮用者的需求一样。另一个章节开始了，空白页需要填满，要在那里留下脚印。

转乘一切顺利，我们从仙台向西去酒厂，城市逐渐延伸到轻工业区，然后是农村。不知不觉中，道路的方向开始被群山主导。温泉的踪迹开始出现。那些尖锐的、原始的山脊、覆盖着森林的圆锥形山峰，指向地表下沸腾的气泡。秋天的红色、赭色和棕色似乎倒映在了下方不断上升的熔岩湖中。

前往宫城峡的旅行每一次都略有不同。大部分工作都是在一天之内完成的，每趟旅行都会发现这里地址复杂性新的一面——你永远不会在第一次到访时就能了解一切。云又变低了，武耕平喜欢的雾蒙蒙的山变少了，只有雾还在不断增多。酒厂位于新川（Nikkawa）和广濑川（Hirose）之间的一块楔形土地上。我们去寻找河流汇合的地方，但完全拍不了照。

我们转身向靠近酒厂的卵石滩走去，传说中，竹鹤在那里品尝了水，并且说水质很好，之后便把第一次蒸馏出来的酒倒入水中作为感谢。我们喝了一口这里的水，然后转身向酒厂走去。我在口袋里塞了一颗被河水磨成圆形的鹅卵石，想起了铃木和时间。

P225图：
告别北海道

宫城峡

宫城峡有着宽阔的主干道和高大的红色建筑，有着新建的美国中西部城市的气息。其规模说明了时代背景。这是1969年一甲对国内市场增长作出的大胆反应。首席调酒师佐久间正解释说："最早的想法是把它建成余市蒸馏所的1.5倍大，然后我们用1999年送到这里的谷物蒸馏器进一步扩大，现在它比余市蒸馏所大3倍了。"这使宫城峡成为在同一酒厂同时生产谷物和麦芽的三家日本酒厂之一。

竹鹤花了3年的时间寻找一个合适的地点，才得以在此河岸上建厂。正如竹鹤所认为的，由这种水汇聚产生的湿度会产生一种适合熟成的特殊小气候。这片平坦的平原也足够大，足以建造一个可以进一步扩张的大型工厂。第一次扩建在1979年，10年后再次扩建。后者当然更有商业意义，与主要市场有更好的交通连接。

酒厂的建筑被乔木和灌木的小型种植园隔开，这些种植园围绕着位于工厂中心的一个大型观赏湖。有时候，你会觉得自己好像是在公园里散步，而不是在工地上转悠。

如今，宫城峡也因其谷物和单一麦芽威士忌而闻名。如果余市帮助打破了日本单一麦芽的概念，那么这家酒厂的科菲谷物威士忌和科菲麦芽威士忌会让单一麦芽爱好者（最终）意识到，谷物威士忌并非平平无奇，实际上充满了个性。

我记得有一次和一群瑞典威士忌狂人、麦芽威士忌纯粹主义者聚在一起。经过广泛的品尝，他们都只买了谷物威士忌。又一个小胜利。科菲谷物威士忌不仅为日本威士忌开辟了另一个领域，还帮助将关于谷物威士忌的争论扩大到全球范围。

蒸馏室里面有着通常会让人觉得有点困惑的被截断的蒸馏器，这些蒸馏器向上延伸到一个看不见的点。我面前只有一个铭牌："布莱尔的格拉斯哥（'Blair's Glasgow），1963年。"另一边挂着一个相似的铭牌，日期是两年后。

P227图：
宫城峡的窑顶升向天空

布莱尔（Blair）与坎贝尔·麦克林（Campbell & McLean）公司于1838年开业。他们密切参与制造制糖机械，在同一世纪后期又把业务扩大到蒸馏器制造。该公司总部设在格拉斯哥的戈万，于1977年停业。

这两个蒸馏器（P229图）是埃涅阿斯·科菲（Aeneas Coffey）在1832年获得专利的设计，开创了谷物威士忌的时代。当竹鹤在苏格兰学习时，他在爱丁堡附近的波尼斯（Bo'ness）酒厂（现已关闭）待了一段时间，研究使用科菲蒸馏器蒸馏。事实上，在1969年技术进步时，他选择了这个设计而非其他可用的设计，这加强了他对传统的坚持。

科菲蒸馏器由两个相连的柱子组成：一个分析柱和一个精馏柱。麦芽浆中的酒精被分离出来，蒸汽被转移到精馏柱中。这根柱子被划分为一系列隔间（这座有24个）或者说“塔板”。随着蒸汽上升，较重的化合物开始回流。当蒸汽到达冷凝器时，只剩下最轻的成分。然而，科菲蒸馏器赋予调和后的酒更丰富的口感。没错，又是那个鲜味。“我们认为科菲蒸馏器只是赋予了威士忌更多的特质。”佐久间正解释说，“与其他威士忌相比，你不仅可以品尝到原料的味道，而且它非常甜、且口感丰富。”

这些蒸馏器最初位于一甲的西宫工厂（Nishinomiya），1999年扩建时被送来到这里（该公司在枥木酒厂还有一套），现在可以生产出多种风格的酒体，“有五六种。”佐久间正神秘地说道。其中两种是用100%麦芽麦芽浆做成的，不是普通的玉米/麦芽调和酒。正是这种“科菲麦芽”让麦芽威士忌爱好者竖起了耳朵，因为它是作为单桶威士忌推出的。它现在是一甲核心系列的一部分。然而，最初本想把它做成调和威士忌。

“我们通过使用不同的酵母来改变风格，”佐久间正解释道，“通过在不同的塔板里收集酒精，我们得到了不同的浓度和风格。我们分别制造轻盈、中等、厚重、更重……超级重的威士忌！”

“我们也用黑麦做了实验。还记得昨晚的奏乐吗？那里面有一些黑麦，但我们现在不用了。”

同样的想法又出现了：虽然推动质量前进是一个常数，但其他一切都是变数。

佐久间正说：“灵活和创新是日本特色。科菲麦芽本身就是创新的，但我们制作两种不同的类型，然后在各类桶中陈化。科菲谷类也融合了多种风格。”

“谷物威士忌是一甲与众不同的地方，但在我们推出它们之后，谷物市场变得活跃起来。如今，它们在全球市场上越来越重要，尤其是在酒吧领域。作为谷物威士忌的推动者，我们很自豪。”这里的谷物威士忌是一种宣言。

同样的方法也适用于麦芽酒厂。像余市一样，麦芽被混合成不同程度的烟熏风味，尽管无泥煤是最常见的类型。有多少麦芽？我问道，知道这个答案会带有些告诫的意味。“我们生产无泥煤、轻泥煤、麦芽质

上图：
这两个科菲蒸馏器生产创新的一甲谷物威士忌

的和酯质的，所以有四种类型。”他停顿了一下，“哦，还有一个秘密类型。”其实估计还有更多类型。有两个麦芽汁罐（容量分别为9吨和6吨），每个麦芽汁罐的麦芽汁都被分开存放。这里的发酵时间比余市短，在48小时至60小时，使用的是另一套酵母，不同于余市谷物威士忌的。

蒸馏室分为两部分，每部分有两对初馏器和再馏器，大小形状均相同：又大又胖，有一个加热球、一个长颈和数只向上倾斜的林恩臂。所有这些都有助于增加回流，并产生更轻的特质。加热是通过蒸汽，冷凝是在套管冷凝器中进行的。一切步骤其实都和余市相反。

当谷物威士忌在一甲的枥木工厂陈酿时，麦芽威士忌仍被留在这里，在低仓库的各类桶中熟化，包括雪莉桶，也包括越来越多的美国橡木桶（常规桶、猪头桶和邦穹桶）。我们又去箍桶厂参观箍桶。

当一个木桶二次装填（并清空）后，它就来到了这里。里面的炭层被刮掉，再炙烤内部。我们看着酒桶闷烧，酒精燃烧成明亮的蓝色，火花在酒桶点燃前开始升起，一片片火焰升腾，中心像升起的太阳。你以为整个酒桶会在火焰中燃烧，但是30秒后，燃烧器关闭了，水喷了进去，烤面包、熟香蕉、烤杏仁、巧克力和香草的香气升起。佐久间正说：“我们现在用它再装一轮。”这样既省钱，又能在全新（原始）木材和第一次装填之间增加了一种中间味道。同样，它增加了进行调和的选择。

我们品酒时遵循了与昨天的余市类似的形式，品尝酒厂成品的各个组成部分，而不是成品。

这种新的中等型科菲谷物威士忌甜而醇厚，带有淡淡的花香，口感已经很浓了。它将在再碳化波本猪头桶中陈酿，并重新装填到木桶中。

谷物威士忌木质醇香风味（Woody & Mellow）紧随其后，充满梦幻的奶糖、焦糖、香草豆荚和香蕉碎味，加上红色水果和热带水果味。只有熟玉米的味道能让你确定这不是朗姆酒。

“这是调和酒的主要基酒麦芽威士忌。”佐久间正指着一杯单一麦芽威士忌麦香风味（Malty & Soft）说道。它更像麦芽奶，没有干燥感和坚果味，而后者是宫城峡的风格。它如同华尔兹的节奏冲击着味觉：慢、快—快、慢。

果香风味的单一麦芽威士忌浓郁果香风味（Fruity & Rich）有更多的橡木味，伴随着圆润和肉质稍显肥厚的水果味，是宫城峡的大甜柿、烤菠萝和木瓜味。而美国橡木桶在苹果海绵蛋糕味上添加了奶油冻和一层肉桂粉味。我的脑海里开始想象调和威士忌了。

即使在制作雪莉与甘甜风味（Sherry & Sweet）时使用更大胆的木桶，也不会降低酒厂特有的甜味，尽管现在水果已经从柔软多汁变成成熟的黑莓味，同时口感混合了糖蜜（译者注：将甘蔗或甜菜制成食用糖的加工过程中产生的副产品）和李子的甜味。这种温柔的力量，这种物理的厚度无处不在。“可能是酵母，”佐久间正说，“除了赋予味道，它还能增加质感。”

下图：
在宫城峡重新炙烤酒桶

低圧蒸気
留液

柱式蒸馏器（P234图）和壶式蒸馏器（上图）。宫城峡两样都有

这里和余市蒸馏所的各种可能性对于酿造威士忌来说是必不可少的，不仅仅是为了酿造调和威士忌，还有单一麦芽威士忌。2015年，面对因“阿政效应”（见第210页）而变得更糟糕的库存枯竭，一甲决定撤回其所有陈年威士忌（竹鹤政孝17年威士忌除外），取而代之的是无年份威士忌。

无年份威士忌在威士忌界已经成为一个有争议的话题，但是如果库存有限、需求上升，你还能怎么办？引发争议的唯一原因是整个威士忌行业已经声明或暗示威士忌的年份越老越好，因此年份可以作为质量指标。

无年份可以让威士忌制造商打破这一界限，让饮酒者专注于口味而不是数字。我们又回到了田中城太说的“成熟曲线”，这是一个贯穿每次访问的话题。

理论上说的都不错，但即使是知识渊博的饮酒者在品尝之前也会先询问酒龄。如果日本威士忌要建立一个坚固的基础，使其在这段由库存引起的停滞期结束时再次增长，它必须说服还在质疑的饮酒者相信无年份的好处。

P237图：
随着需求的增加，宫城峡再次全面生产

佐久间正的方法令人着迷。“做15年威士忌的时候，我想做一个完美的样品：不同的风格和木桶类型反映了威士忌生命中的一个点。无年份意味着我可以从时间线上的任何一点挑选——年轻的威士忌、老的威士忌、不同的风格和不同的木桶。这是我发挥创造力的机会，也是威士忌发挥创造力的机会。我正在制作的威士忌应该会反映这一点，它不同于那些正在被它所取代的威士忌，但会和它们一样好，甚至更好。”

他继续说：“我们有可能朝着很多不同的方向发展。尽管我们不得不中断推出有年份的威士忌，但还是有机会增加酒种范围，因为酒龄只是风格的一个方面。我们应该把这种情况变成一个新的机会，但首先我们必须改变对酒龄的态度。”

“这是一个改变世界的好机会，因为我们可以创造如此多不同类型的威士忌。我们已经在新系列中取得了成功，推出了科菲谷物威士忌和原桶直出的一甲威士忌。我想拓展这种创新方法，推广一种新体验。”危机中自有机遇。

这是日本人一边愿意改变，一边保持传统的另一种表现吗？他点点头。“基本上，日本人努力坚持自己的风格，总是努力改进以取得更好的效果。创新始于传统。得益于创始人的遗产，我们拥有有形和无形的资产，可以不受限制地开发新事物。”

这来自过去，根植于日本人的基因之中：强烈、清晰的风格；味觉意识；相信重复和细枝末节的重要性；在保持工艺传统的同时不断改进。

我们可以哀悼有酒龄威士忌的逝去，但老实说，我们还有什么选择呢？是保留它们但限制销售量，还是大胆一点，冒着激怒威士忌爱好者的风险，确保更多的人能享受这种饮料？

在威士忌领域，无年份是一个备受争议的话题，佐久间正相信，无年份可以解放威士忌制造商，并且带来新的可能性。对于这场争论来说，这是一个受欢迎的、冷静且理性的补充。从我们的继续聊天中可以清楚地看出，对于无年份的威士忌，一甲不会局限于一种表达方式。摆脱年份的束缚可能是迄今为止最令人兴奋的发展。

NIKKA

品酒笔记

就瓶装产品而言，目前宫城峡的主要焦点是两款科菲蒸馏器的谷物威士忌。**科菲谷物威士忌**（Coffey Grain，45% ABV）是较软的一种，但对于那些认为谷物威士忌像薄纱一样不够厚重的人，这像是一个警钟。它有丰富的玉米芯甜味，伴随着太妃糖苹果味、一些黑葡萄、蜂蜜和茴香和漆树的味道，然后一些橙子的味道活跃起来，一股像新削尖的铅笔一样的气味宣告着橡木的存在。这款酒是甜的，且丰富又圆润，而随着水的加入，更多的温泉/桑拿味出现了。口感充满橙花蜂蜜味，在典型的科菲蒸馏器风格中，它像桃子罐头一样黏在舌头上。

科菲麦芽威士忌（Coffey Malt，45% ABV）同样丰富，但也更干，有更多的巧克力和樱桃味、硬焦糖味和烘烤元素，增加了一定的严肃性。它的口感比科菲谷物稍差，给人的感觉像一只热情的拉布拉多小狗。它有甜味，但也有明显的坚果味、橡木味，还有金色糖浆和烤桃子味，整体口感复杂流畅。

新的**宫城峡单一麦芽威士忌**（Miyagikyo Single Malt，43% ABV）是现在精选的有年份系列的延续。它以干邑般的水果味为前调，带有花朵、水果和红苹果的味道。口感清脆而柔软，仿佛被柿子、融化的牛奶巧克力和摩卡包裹。略带面包味的前调只是增加了一丝干燥。烤苹果味、淡淡的薄荷味、一些牛轧糖味和一点点烟熏味，宫城峡所有静谧的甜味都展现了出来。

就像余市一样，在吧台后面可能还有很多隐藏款。如果你有机会，请尝试一下，**15年款威士忌**（15-year-old，45% ABV）是我心目中最好的酒，它充满甜柿和太妃糖味，外加一点蜂蜜和松木味。

本页图：
谷物威士忌是一甲战略的关键

从仙台到东京

又开始下雨了，在我们返回仙台的路上，开始堵车。“我们错过了火车，”惠美子似乎并不太担心，“没关系，每小时有一趟新干线。我们可以吃点东西。”这还差不多。我们在仙台，这里所谓的“东西”实际上就是牛舌，具体来说就在木炭上快速烧烤的薄牛肉片。自然，车站里有各种各样的餐厅可供选择。当我回到家，被迫在口味寡淡的法棍面包、带有危险系数的寿司和折磨肠胃的墨西哥卷饼中作出选择时，我一定会很怀念这里丰富的选项。当然那时也喝不到像样的高球。这里喝得到，所以我们就喝了。大家都放松下来，我们开着玩笑，为旅行的结束干杯，为我们下一次永无止境的全球威士忌之旅做计划，然后一路睡回东京。

下图：
在仙台，只有一样东西可以吃——牛舌

水

回顾整个旅程，一路都有水相伴，不只是指从天而降的那种。它在河流和泉水中流动，决定酒厂的位置，从神圣的瀑布中倾泻而下，从神社的喷口里流出让我们洗手和漱口。你需要水来染色，制作和纸和陶瓷。不仅如此，它还是茶道的基础、烹饪的核心。

在京都，桥本大厨告诉我："京都美食是关于水的美食。开饭之前我们会提供高汤，这是为了展示水的纯净。"这让我想起了与另一位米其林星级厨师山下春幸（Hal Yamashita）的对话，他在东京的餐厅专门供应神户老家的食材，包括每周三次从那里运来的水。"水是烹饪中最重要的部分，"他告诉我。"我在做神户式的食物。为了做到这一点就不得不弄来神户的水，东京这里的水完全不同。"

我回想起城太和武耕平所说的只佐以水来吃的"心灵"荞麦面，以及酒吧里对冰块的崇敬。到处都需要水。

那么，威士忌呢？水源必须是纯净的，水量和水温必须合适，以便冷凝。正如苏格兰蒸馏师、老朋友肯尼·格雷（Kenny Gray）曾经告诉我的那样："戴夫，我们所做的只是搬运水的工作。我们把水加入麦芽中，然后拿走。我们在糖化时再次加入水，然后在蒸馏时再次取出。我们在桶里加入一些，然后装在瓶子里，再倒入玻璃杯里。所以，我们只是水的搬运工。"

水的质量会影响味道吗？大多数酿酒商认为不会，但也有一些认为会。伊知郎的家族将秩父的水运送了60千米到达他们在羽生的蒸馏厂，因为他们觉得这样有助于提高质量。

福与伸二也认为会影响。"我们做了实验，在山崎使用白州的水，酿出的酒是不同的。我们不知道原因，也找不到矿物质含量和味道之间的任何联系，但我认为，这就是事实。不同的水造就不同的特质。"

上图：
水是日本工艺的核心

禅

我一直对把禅宗和威士忌相提并论持怀疑态度——事实上，禅宗和任何事物之间都有联系。这样似乎很懒惰。然而，在我读过的每一本书里，在我的每一次交流中，禅宗都在影响、塑造着潮流。它从来不是公开的，而是谨慎的，忽隐忽现，这非常合乎禅的特性。

在之前的一次旅行中，我在京都的春光院（Shunko-in temple）与副住持川上全龙（Takafumi Kawakami）一起度过了一段时间，他是他们家族在这里讲道的第四代人。他对我说："我来这里的目的是告诉大家，佛教修行是我们生活的一部分。这是一座为想来学习坐禅的人而建的寺庙。重点是返璞归真，禅的理念是返璞归真。"

"意思是通过经验来学习。打坐是一种实践研究。它训练你活在当下，因为当你读到这里的时候，这个'现在'已经过去了。活在当下，你就能创造一个完美的过去。"

在进入寺庙之前，我陷入了用威士忌来比喻禅的陷阱：蒸馏是专注；提炼烈酒就像净化心灵，也像将黑压压的乌云转变成纯净度无限增加的水。哎？这不就像心智一样！这听起来似乎很合适，但当我坐在春光院时，我意识到这一切都是胡言乱语。威士忌就是威士忌。

那堂课后，在读千崎如幻（Nyogen Senzaki）的一本书时，这段话跳了出来："如果我给你端杯茶，说这是禅宗的象征，那不会有人……会喜欢这种不冷不热的饮料……为什么？因为啜饮是鉴赏，鉴赏就是啜饮。禅从来不说'试试这个就开悟了'。行动本身就是一种开悟。"这仿佛是在帮助我理解禅与威士忌的关系。

正如川上副住持对我说的那样，威士忌与禅并不真正相容——毕竟，禅是为了保持头脑清醒，不是为了创造力。有多少次，在喝完第五杯之后，我们都有了醒悟的时刻，世界种种问题的答案惊人清晰地浮现出来？我们把答案写下来，但是当我们第二天早上找到那张纸时，我们都看不懂自己写的东西。

然而，日本工艺的方法框架正是根植于禅宗的出现。正如卡罗尔·斯坦伯格·古尔德（Carol Steinberg Gould）和玛拉·米勒（Mara Miller）在《日本美学》（*Japanese Aesthetics*）中所写："禅宗是许多人……眼中日本美学特性的根源——暗示性、不规则性、不对称性、简单性和易逝性。"我相信，这也是日本人对待威士忌的核心推动力。

然而，对"威士忌"进行冥想确实会让人们更好地理解威士忌制作过程的相互依存性。不仅仅在

上图：
威士忌可以比喻禅吗

于这种饮品的物质创造，还会让人们更好地理解现在和过去的世界：它的起源地及其环境、成分、参与者。只要喝一口，你就进入了这个由一连串事件组成的网络。香气和味道本身就是相互协调的分子的复杂交织。玻璃杯中的任何东西都不是孤立存在的，都可以延伸到任何地方。

你需要以一种开放的心态来品尝一切。理解香气是一个主动与世界接触的途径。复杂的威士忌香味会帮助你参与进来，这种参与，即意识到总是萦绕在你周围的气味的复杂性，对于品尝威士忌同样有所帮助。

东京

当我们要走出东京站时，我跟武耕平说了句“就喝一杯”。他要回家，我要收拾行李。我们又一次去了新桥的后街，在一家老酒馆买了一杯冰镇啤酒。“要不要吃点什么？只来一盘。”武耕平说道。菜单上没有威士忌；今晚将是清酒之夜。我们找到了一个神秘的地下小吃街，里面挤满了各种小店。我们进了一家看起来很不错的店，日本酒一杯又一杯地送了上来，愈发令人惊叹，当然还有那些食物，点了不止一盘。

我们聊得很快，是最后那几晚的聊天节奏，有点狂躁与仓促，过去三周想说的每一件事好像一下子全都想起来了。我们笑着回忆、干杯。“你回家吧，”我说，“你的家人需要你。”武耕平是我的顾问、搭档、老师，最重要的是，他是我的朋友，不过相遇总是集中却又短暂的，这是四处奔波的生活的本质。这个项目已超过了大多数项目持续的时间。我看着他离开，然后回到了舒适的公园酒店。在拐角处的神社前鞠了一躬，正所谓诸行无常。

虽然在一起待了很长时间，但不知何故总感觉时光匆匆地就飞走了。有一个箱子我得重新打包，放入我寄存的东西。我把礼物塞进去，用T恤裹好酒瓶。经过一番折腾之后，箱子被塞得满满当当，拉链也终于拉上了。而我将坐上羽田机场的清晨航班。现在睡觉也没有意义了，我坐在那里，又一次欣赏着朝阳下熠熠生辉的高塔，随后下楼前往机场。

P245图：

总能忙里偷闲喝上这最后一杯

改善

手艺人、锅炉工、陶艺师、和纸师、木工、酒保、厨师、金属工、制茶工、印刷工、织布工、熏香师、调和师和蒸馏师，明天大家都会起床。在某个地方，有人在嗅一只杯子，有人在聆听蒸汽的声音，还有人在山里，在湿漉漉的密林中寻找水楢木。

今天，他们还会工作，但会努力做得更好。他们相信改善，并通过对细节一丝不苟的把控展现出高质量。虽然在不断重复，但并非一成不变，一直在进步。他们将全身心倾注到自己创作的事物中：鸡尾酒、生鱼片、一盏茶、新酒以及调和酒。

据说威士忌的重点在于一致性：每天做同样的东西，确保酒厂的特质，以及调和威士忌的一致性。然而，若只是执着于一致性，传统将逐渐萎缩。对于一个面临发展压力的行业来说，这是不可能的。一致性不应该阻碍改进与创新，这就是为什么改善在日本威士忌生产中如此重要——比一些国际联盟所说的一致性更重要。

匠人方式让制造商与产品的关系更加紧密；需要看到黏土或茶叶的本质，了解谷物、酵母、水和木材在特定条件下相互作用而产生的奇妙复杂性。

大厨山下春幸（Hal Yamashita）曾经对我说，“日本人的烹饪方式与西方大不相同。西方是在基本食材的基础上增添风味。而在日本，我们会去掉一些东西，但这并不会损失食材的风味，反而会有所增强，所以我必须完全理解食材。”

这一理念适用于所有工艺。对威士忌来说就是注重香气、风味与口感；强调单纯、透明，无处遁形、酒体纯净。这就是素雅。

我遇到的所有匠人都谈到了这一点，但他们也都强调了要接纳偶然，因为创造力是无法控制、无法计划的；它既狂野而又不可预测。

蒸馏可以控制，其参数可以设定。将烈酒放进木桶里，偶然也将会出现。这就像放进窑里的陶土，以及堀木给和纸染色的过程。一个威士忌酿造者知道某种蒸馏液在某种木材中可能出现的结果，但是没有人能确切说明里面会发生什么。即便是在同一天将同样的酒，装入同一棵树的两个同龄木桶里，也会产生两种不同的结果。

正是这些惊喜推动了威士忌的发展，它们是科恩所说的“一切事物中的裂缝”；不规则，不对称。

上图：
工艺是可控而稳定的，但又是狂野的、创新的

这里重要的是愿意向自然和未知的过程敞开怀抱，使酒变得更加丰富、更加迷人。威士忌酿造是一门手艺。

日本所有的工艺品经过了海岸的冲刷，成为自己的东西，它们由时间与气候、手与季节、理念与战争、内心的贫穷与富足，以及毅力、孤立与开放塑造而成。

世界上最好的日本威士忌正是由此而来。

合掌感谢！

滝御前
賽銭箱

术语表

Chawan：茶具。

Chibidaru：字面意思，可爱小巧的木桶。

Chinquapin：橡树的一种。

Dashi：荞麦面的汤底。传统上由水、昆布和鲣鱼制成。

Dogu：绳文时代的泥偶人。

Gaijin：外国人。

Gassho：表达感谢。

Gyutan：烤牛舌。

Haiku：俳句，传统的三行诗。

Hashiri：季节的开始。

Heain era：平安时代，794—1192年。

Hinoki：日本柏树，用于建筑和熏香。

Hoiro：焙炉，用来烘干茶叶的桌子。

Ichi-go ichi-e：一期一会。

Izakaya：居酒屋，小酒馆。

Jotan: 搓揉茶叶时，下面垫的纸。

Kaiseke：会席料理，宴请用高级料理。京都的特色美食。

Kanji：汉字，中文的表意文字。

Kaizen: 改善，持续不断的累积式改进。

Kami：纸。

Kawaii: 卡哇伊，可爱。

Kegani：毛蟹，螃蟹的一种。

Kigo：俳句中与特定季节相关的词。

Koji：米曲霉，制作清酒、烧酒、味噌、酱油时，用于发酵的真菌。

Kombu: 昆布，用于制作高汤的海带。

Maiko：舞姬，京都方言对艺伎的称呼。

Mizunara：水楢木，又名日本橡木，学名Quercus crispula。

Mizuwari：一种饮料，由威士忌、冰块和水调配而成。

Nagori：季节的结尾。

Natt ō：纳豆，黏糊糊的发酵大豆。慢慢才能习惯它的口感。

Negiyaki：青葱烤饼。

Nihonshu：日本酒。

Okonomiyaki：御好烧，一种饼。

Onigiri：饭团。

Onsen：温泉。

Ryokan：旅馆，日本传统旅店。

Sakura：樱花。

sanshō：山椒，日语对四川‘辣椒’的称呼，实际属于芸香科花椒属。

Sekki：节气，24个“小季节”的统称。

Shinkansen：新干线，子弹头列车。

Shokunin：工匠大师。

Shun：旺季。

Sudachi：一种日本柑橘，类似于青柠、青柚。

Tanuki：狸。

Tatami：榻榻米，一种日式地垫。

Temomi：用手揉捻（茶叶）。

Torii：鸟居，神殿入口处的门。

Tsukemono：日本腌菜的统称。

Udon：乌冬面，粗的小麦面条。

Ukiyo-e：浮世绘，木刻版画。

Umami：鲜味，受到谷氨酸刺激而产生的第五种味道。

Wabi-cha：日本茶道中的“侘び茶”，讲究的是“陋外慧中”。

Washi：和纸，用桑树浆造的纸。

Yakitori：烤串，炭烤的鸡肉和蔬菜串。

Zazen：打坐，坐着冥想。

参考文献

Basho, Matsuo, *The Narrow Road to the Deep North* (London, 1966)

Black, John R., *Young Japan* (replica edition, London, 2005)

Bunting, Chris, *Drinking Japan* (North Clarendon, VT, 2011)

Checkland, Olive, *Japanese Whisky, Scotch Blend* (Edinburgh, 1998)

Dōgen (ed. Kazuaki Tanahashi), *Moon in a Dewdrop* (New York, NY,1985)

Durston, Diane, *Old Kyoto: A Guide to Traditional Shops, Restaurants and Inns* (New York, NY, 2013)

Goulding, Matt, *Rice, Noodle, Fish* (London, 2015)

Hearn, Lafcadio, *Writings from Japan: An Anthology* (London, 1984)

Horiki, Eriko, *Architectural Spaces with Washi* (Tokyo, 2007)

Horiki, Eriko, *Washi in Architecture* (Menorca, Spain, 2006)

Iyer, Pico, *The Lady and the Monk* (London, 1991)

Kerr, Alex, *Lost Japan* (London, 2015)

Koren, Leonard, *Wabi-Sabi: for Artists, Designers, Poets and Philosophers* (Berkeley, CA, 1994)

Koren, Leonard, *Wabi-Sabi: Further Thoughts* (Point Reyes, CA, 2015)

Leach, Bernard, *A Potter in Japan* (London, 2015)

McKinsey & Co (eds), *Reimagining Japan: The Quest for a Future That Works* (San Francisco, CA, 2010)

Okakura, Kakuzo, *The Book of Tea* (print on demand, via amazon.co.uk)

Ono, Sokyo, *Shinto the Kami Way* (North Clarendon VT, 1976)

Phillipi, Donald L., *Songs of Gods, Songs of Humans* (Princeton, NJ, 1979)

Richie, Donald (ed. Arturo Silva), *The Donald Richie Reader* (Berkeley, CA, 2005)

Richie, Donald, *A Tractate on Japanese Aesthetics* (Berkeley, CA, 2007)

Sadler, A.L., *The Japanese Tea Ceremony* (North Clarendon, VT, 2008)

Sakaki, Nanao, *Break the Mirror* (Berkeley CA, 1987)

Senzaki, Nyogen, *Eloquent Silence* (Somerville, MA, 2008)

Scherer, James, *The Romance of Japan* (London, 1935)

Shirane, Haruo, *Japan and the Culture of the Four Seasons* (New York, NY, 2013)

Snyder, Gary, *The Practice of the Wild* (San Francisco, CA, 1990)

Tanizaki, Junichiro, *In Praise of Shadows* (London, 2001)

Yanagi, Soetsu, *The Unknown Craftsman* (New York, NY, 2103)

Yonemoto, Marcia, *Mapping Early Modern Japan* (Berkeley, CA, 2003)

Waley, Arthur, *The Noh Plays of Japan* (North Clarendon, VT, 1976)

索引

斜体表示图片所在页码

作者简介

戴夫·布鲁姆（Dave Broom）从事威士忌写作已有25年之久，现已出版8本著作，其中两本《喝吧！》（*Drink!*）和《朗姆酒》（*Rum*）获颁格兰菲迪年度最佳酒类图书奖，并曾两度赢得格兰菲迪年度最佳酒类作家奖。2013年，业界公认的全球顶级葡萄酒竞赛——国际葡萄酒暨烈酒竞赛（IWSC）授予戴夫年度最佳品评人奖。2015年，世界级调酒盛会“鸡尾酒传奇”（Tales of the Cocktail）授予其最佳鸡尾酒和与烈酒奖（Best Cocktail & Spirits award），紧接着在2016年授予其黄金烈酒奖（Golden Spirit Award）。

在该领域的20多年里，戴夫定期访问法国、荷兰、德国、美国和日本，提供培训与指导，赢得了全球众多的追随者。戴夫涉猎的范围涵盖消费特征及商业报告，同时他还积极参与威士忌教育，为专业人士及公众提供指导，担任多家大型酒厂的品酒顾问。他还参与开发了帝亚吉欧（Diageo）公司设计的辅助威士忌品饮的通用型工具“风味地图”（Flavour Map™）。

致谢

没有以下各位人士的帮助，这本书是不可能出版的。

田中城太（Jota Tanaka）、清水志保（Shiho Shimizu）、竹平考辉（Koki Takehira）、宫本迈克（Mike Miyamoto）、肥土伊知郎（Ichiro Akuto）、吉川由美（Yumi Yoshikawa）、门间麻奈美（Manami Momma）、前村久（Hisashi Maemura）、岸久（Hiyashi Kishi）、铃木隆行（Takayuki Suzuki）、堀上敦（Atsushi Horigami）、堀木绘里子（Eriko Horiki）、桥本宪一（Kenichi Hashimoto）、山中源兵卫（Genpei Yamanaka）、酒井浩太郎（Kotaru Sakai）、松林佑典（Yusuke Matsubayashi）、平石干郎（Mikio Hiraishi）、梶裕惠美子（Emiko Kaji）、佐久间正（Tadashi Sakuma）以及所有酒厂的每一个人。感谢你们的耐心和智慧。

特别感谢福与伸二（Shinji Fukuyo）多年来给予我的种种帮助、善意与友谊。

特别感谢佐藤成男博士（Dr Shigeo Sato）、Mas Minabi（第一大教我关于透明度的知识）、舆水精一（Seiichi Koshimizu）、稻富孝一博士（Dr Koichi Inatomi）、三成庆太（Keita Minari）和系贺隆宏（Takahiro Itoga）。令人难过的是，我伟大的导师上口尚史（Naofumi Kamiguchi）在这本书完成后不久去世。

特别感谢上野秀嗣（Hidetsugu Ueno），在全球顶尖调酒师访问东京时充当了重要的协调角色，并且感谢皆川达也（Tatsuya Minagawa）将他的知识分享到了苏格兰。

感谢（更加优秀的）同行作家克里斯·邦廷（Chris Bunting）对设立Nonjatta网站的信念。感谢斯特凡·范艾肯（Stefan van Eyken）对这项伟大工作的坚持。感谢尼克·科尔迪科特（Nick Coldicott），感谢罗布·阿兰森（Rob Allanson）和多姆·罗斯克罗（Dom Roskrow）在我开始写这个主题时对我的包容。

感谢木之叶禅堂（Treeleaf Zendo）的所有人以及川上全龙住持（Rev. Takafumi Kawakami）。

我再次得到了八爪鱼出版社优秀团队的支持。丹尼丝·贝茨（Denise Bates）允许我探索这个略微特殊的课题，朱丽叶·诺斯沃西（Juliette Norsworthy）负责设计，凯瑟琳·霍克利（Katherine Hockley）负责制作，处变不惊的亚历克斯·施泰特尔（Alex Stetter）负责编辑，玛格丽特·兰德（Margaret Rand）和杰米·安布罗斯（Jamie Ambrose）负责校对。我的经纪人汤姆·威廉斯（Tom Williams）帮助我扩充这个想法，并给了我实现它的信心。我在此对他们表示感谢。

感谢山崎勇贵（Yuki Yamazaki）的陪伴与翻译。致所有这些年在whisk-E已成为挚友的各位：代市（Yoichi）、渡司（Toshi）、真木（Maki）、岐美（Kimi）和我们的司机雄胜（Ogachi）。

感谢嗜酒的马尔桑·米勒（Marcin Miller），我的倾听者、助手、旅伴以及最重要的朋友。

感谢我的公路战友武耕平，他不仅拍摄到了无与伦比的照片，他从一开始就充分理解了这次寻道之旅，并在许多方面帮助我这个笨拙的外国人。他以摄影师的身份加入，但我们最终成为挚友。这是我们通力合作完成的作品。特别感谢艾丽斯·拉塞尔斯（Alice Lascelles）和艾丽西亚·柯比（Alicia Kirby）帮我们牵线搭桥。

感谢我的妻子乔（Jo），近二十年来，她一直忍受着我去东方探寻，倾听我的胡言乱语、唠叨和咆哮。她应付着我这个作家的情绪，收拾酒瓶，把事情打理得井井有条。我爱你，乔。还有我亲爱的女儿罗茜（Rosie），她对日本的爱似乎与日俱增。我保证会带你俩一起到日本。

最重要的是，感谢大卫·克罗尔（David Croll）和角田范子（Noriko Kakuda），他们夫妻二人异于常人的慷慨、友好、知识、耐心与信任加深了我对日本的热爱。对于你们的恩情我无以为报，在此谨以微不足道的致谢向你们表明我对二位的感激与爱。

Arigato gozaimasu！（谢谢！）